光尘
LUXOPUS

减压生活

金铂 著

人民邮电出版社

北京

图书在版编目（CIP）数据

减压生活 / 金铂著. -- 北京：人民邮电出版社，
2022.10
ISBN 978-7-115-59956-8

Ⅰ. ①减… Ⅱ. ①金… Ⅲ. ①压抑（心理学）－基本知识 Ⅳ. ①B842.6

中国版本图书馆CIP数据核字（2022）第162881号

◆著　　　金　铂
责任编辑　袁　璐
责任印制　陈　犇
◆人民邮电出版社出版发行　　北京市丰台区成寿寺路11号
邮编 100164　　电子邮件 315@ptpress.com.cn
网址 https://www.ptpress.com.cn
涿州市般润文化传播有限公司印刷
◆开本：880×1230　1/32
印张：6.75　　　　　　　2022年10月第1版
字数：130千字　　　　　2025年10月河北第8次印刷

定价：59.80 元

读者服务热线：（010）81055671　印装质量热线：（010）81055316
反盗版热线：（010）81055315

目录 | Contents

序言 | Preface

　　随着现代生活的节奏越来越快，许多人都会在繁忙的生活和工作中感觉疲惫不堪。乏力、头痛、胃肠不适、烦躁已经成了家常便饭，失眠、便秘、颈椎疼痛等症状也屡屡出现，甚至偶尔还会出现莫名其妙的抑郁情绪。而最让人烦恼的是，有时候体检报告也不能帮助我们看出身体的异常，想去医院看病，也不知道挂哪个科好。好不容易在医院做完了一系列的检查，却什么问题都没有查出来，只能默默回家继续忍受痛苦。

　　讲到这里，不知道大家会不会有共鸣，是不是想要有一个专业的医生为自己解释一下这些症状的来源，以及该如何调整自己的身心状态？我出生在一个四代从医的家庭，从小就非常想当一名医生。幸运的是，我如愿考上了医科大学，经过多年的学习和实践，还取得了首都医科大学神经外科学的博士学位，现在就职于北京大学第四临床医学院，也就是北京积水潭医院，担任神经外科副主任医师的职务，迄今为止已经在医院工作了 18 年。

　　2004 年，我大学毕业，在找工作的时候选择了自己非常感兴趣的神经外科。神经外科就是大家常说的脑外科，是一个给大脑和脊髓做手术的科室。我一直都认为人类的大脑是这个世界上最奇妙的存在之一，能够研究大脑的奥秘对我来说是一种令人兴奋的挑战。然而，在兴奋之余我不得不面对的一个现实，就是给大脑做手术真的太难了，我曾经非常担忧自己是否能够胜任这项工作。当我怀着这种担忧和我的老师说起我的顾虑时，老师看着我说了一句话，他说："脑外科的手术看起来很难，但我们可以用一种简单的方式去理解它，因为我们的手术要做的其实只有一件事，就是'减压'。"

从那天开始，"减压"这个词就深深地刻在了我的脑子里。时至今日，我已经成为一名成熟的神经外科医生，治疗过成千上万名患者。随着工作的时间越来越久，我越来越觉得老师的教诲无比正确，因为健康问题就是伴随"压力"而来的。比如，高血压是由于血管承受了过大的压力，腰椎间盘突出是因为神经承受了过大的压力，抑郁症也是因为精神上长时间承受了过大的压力。而减压不仅能够保护身体健康，对心灵来说也是一种休整。

那压力为什么和人的健康有如此密切的关系呢？这就需要我们了解一个很重要的概念——亚健康。人体的大多数疾病都有滞后期，也就是说，从身体开始出现不良反应到发展成疾病，往往需要经过数年，甚至数十年的时间。亚健康就是指人体处于健康和疾病之间的一种状态。如果能够好好调整，我们会很快恢复健康，反之，时间久了，亚健康就会发展成真正的疾病。前文中提到过的种种症状，其实就是亚健康的状态。

判断自己是否处于亚健康状态是有标准的，符合以下三个标准则为亚健康状态：第一，身体存在着明显的不适，比如失眠、焦虑、心慌、疼痛等；第二，通过现在的医疗手段检测，没有发现器质性的病变；第三，这种症状已经存在了很长一段时间，至少三个月以上。

那我们应该如何改善亚健康状态呢？在我看来，去医院是无济于事的，因为医院是治疗疾病的地方，想要改善亚健康状态还是要靠我们自己，而改善亚健康状态最主要的方法之一就是我们这本书的主题——减压。

压力是人脑对于外界的一种反应，如果我们仔细观察，会发现身边有两类人。一类人精力旺盛，心理承受能力强，他们即便面对巨大的压力，也仍然能够泰然处之，游刃有余，不仅在事业上取得了傲人的成绩，身体还很健康。纪录片《张艺谋的 2008》中就记录了张艺谋导演在长达两三年的时间里筹备奥运会的过程。他在筹备的过程中承受了巨大的压力，他团队的工作人员说张导饮食不规律，也经常熬夜，但精力过人，而且能扛得住压力。其实，很多领袖和企业家都是这样的人，即使年过花甲，也依旧精力充沛。

还有一类人，他们经常自顾不暇，一些日常生活中的小事就能让他们忧心忡忡。总结这两类人的差别可以发现，他们对待压力的方式是截然不同的。第一类人会有一套专属于自己的减压方式，能够主动地调整身体对于压力的反应，并将压力变为健康和事业的正向动力；相反，第二类人在面对压力时就如临大敌，任由压力变成击垮自己的武器。

有人可能会问，对压力的感受和承受能力不同是不是和先天因素有关，其实是的，但并不完全取决于先天因素。我们后天可以通过正确地学习和练习让自己摆脱困境，重新掌握生活的节奏。因此，经过长时间的思考和准备，我创作了这本书。

在这本书中，我参考了西方医学中前沿的神经科学理论，从神经生理学的角度为大家阐释了压力的来源，以及压力是如何潜移默化地影响我们的健康的。当然，最重要的是，我们要运用科学的方法应对压力，缓解压力，学会和压力共处。

在书中，我还介绍了一种正念疗法。正念疗法是现代精神科学领域常用的一种治疗方法，通过关注呼吸，调节人体的植物神经，达到内心的平静。它可以填补很多人"只知练外，不知练内"的知识空白。事实上，现代生活中的亚健康问题，完全可以通过增强运动和正念练习配合进行的方式，达到内外兼修，提升健康水平的目的。

此外，我还按照不同的症状及不同的生活场景，配合脑科学的治疗方法，为大家提供了一些改善失眠、疼痛、焦虑、抑郁的建议。为了让大家更好地了解自己的身体状态，我还给大家介绍了一个随时可以运用的自我体检方法——身体扫描，我们可以经常练习，以便及时发现身体的健康隐患，再从健康隐患推测出内心正在承受着的压力。

清代程秀轩《医述》二引《千金方》时说："上医治未病，中医治欲病，下医治已病。"意思是医术高的医生重视预防疾病，医术中等的医生医治将要出现的病，医术差的医生医治已经出现的病。我希望大家能够掌握一些实用的方法，并将这些方法一一应用到生活当中，让每一个人都成为自己的家庭医生。

压力是现代人隐形的敌人，而身心健康则是人一生中最宝贵的财富，掌握了正确处理压力的方法，不仅能够提升自己的健康水平，还能够更好地掌控情绪和人生。所以让我们共同努力达到身与心的和谐状态，高效减压，轻松生活！

第一章

关于压力，你不知道的那些事儿

第一节
压力和你想的不一样

压力是当今人们的热议话题。这一节我们将分析压力和健康的关系。因为压力不仅存在于精神层面，很多其他层面的疾病的产生也都是压力在作祟。那么在本书的开始，我们先来重新认识一下压力，一起学习如何从压力的视角审视自己，以及如何科学地调节压力。

一、学会从压力的视角审视自己

对于"压力"这个词你一定不陌生，但这不代表你真的了解压力。

在物理学上，"压力"指的是发生在两个物体的接触表面的作用力。而在医学上，"压力"的含义则更加广泛，除了指我们身体受到的作用力，还包括让人感到紧张的环境和时间等。压力是个体对伤害和变化的一种紧张反应。

那么压力和人的健康到底有多大的关系呢？可以说，这个世界上的大部分疾病和身体不适的症状都和压力不当有关。这里说的"压力不当"，包括过高的压力和过低的压力。对，你没听错，压力过低也会带来健康隐患。

　　了解这些，可以带给你两个非常重要的收获。第一，它能够更好地帮你探寻问题的本质。如果你现在正承受着某种身体或心理的不适，那么你就需要从压力的视角来重新审视自己。这样做能带来的好处是，你将不再只停留在纠结的层面，而会更深刻地认识到，这些不适是由自己引起的。第二，它能够更好地帮你解决问题，恢复健康。当你认识到不适的本质，就找到了处理不适的正确方向。

图 1-1　从压力的视角审视身体

　　那么，如何从压力的视角来审视自己呢？

　　我们可以尝试一个非常有效的方法，叫作"身体扫描"。身体扫描是精神科正念冥想的一个核心技术。它让我们的意识与身体的每一刻体验进行深入的对话，这就好像我们自己对身体进行的一个超早期体检，可以让我们及时发现问题并做出调整。

第一步，选择一个安静的地方，坐下或者躺下，然后闭上眼睛，慢慢做三次深呼吸。接下来用自己的意识像做 CT（Computed Tomography，电子计算机断层扫描）一样从头到脚扫描全身，慢慢地感受身体的每一个部位。当你在用意识进行"身体扫描"时，你会察觉到一系列从前没有意识到的身体感受，比如轻微的疼痛、瘙痒，或者放松、温暖。

当你发现身体某个部位的感受并不好时，也不用太惊慌。接下来进行第二步"分析"。比如你感受到自己的右侧脚踝有一些疼痛，可以回忆一下，是不是今天走路太多了，或者站的时间太长了？在这一整天当中，你是否有意或无意地让右脚承受了过多的压力？又如你发现自己的胃部有点儿不舒服，你要想想是不是这两天吃得有点儿多？是不是饮食不太规律？是不是天气一热就想吃冰的食物，习惯了以此来缓解燥热？如果你的头部有点儿不舒服，那么你可以想一下是不是最近思虑过多？是不是睡眠不足？是不是面临的事情让自己情绪起伏过大？

总之，从压力的视角审视自己，你就会发现，其实很多的身体不适都与你的生活、心情、感受等多方面因素有关，是这些因素带给你压力的结果。当你发现了身体不适的原因，在接下来的生活中，就可以通过调节压力来缓解你的不适，让身体从"亚健康"向"健康"转化，避免它出现疾病。

二、荷兰"冰人"的故事

荷兰有一位闻名世界的"冰人"，叫维姆·霍夫（Wim Hof）。他能够忍受极度寒冷，并因此创下了多项世界纪录。科学家对他的超抗寒能力进行研究，对他与普通人处于低温环境时的身体状态、代谢情况进行监测，同时对他们的大脑进行功能性核磁共振成像等影像评估。

图1-2　荷兰"冰人"维姆·霍夫

研究发现，这位"冰人"拥有一些特殊的方法，让他提升了对寒冷耐受的能力。比如，调整呼吸和冥想等。他的特殊方法不仅能改变身体组织的代谢，还能激活脑部的某些区域，使身体对环境低温的敏感度降低，并且建立对低温的耐受，在极寒条件下维持体温的稳定。这些改变身体组织代谢的方法与交感神经有关。在他调整呼吸时，用力呼吸导致肋间肌的交感神经兴奋和葡萄糖消耗增加，其产生的热量扩散到肺部组织，对肺泡毛细血管中的循环血液产生了加热作用。

　　极低的温度对身体来说是一种不利的刺激，同样，也是一种压力。若是能利用类似荷兰"冰人"应对低温的方式，对身体及时进行调整，就能在很大程度上降低这种不利刺激对身体的负面影响。

三、隐藏的自己

　　我们的身体有数以亿计的神经细胞，它们构成了我们的神经系统。神经系统又分为中枢神经系统和周围神经系统两大分支。中枢神经系统，由脑和脊髓构成；周围神经系统，包括中枢神经系统以外的所有神经结构，延伸到我们的身体各处。周围神经系统由躯体神经系统和自主神经系统组成。躯体神经系统主要分布于皮肤和肌肉，自主神经系统则分布于体内的各个器官。

图1-3　神经系统的构成

自主神经在解剖学上主要指的是交感神经和副交感神经，它控制着我们的呼吸、心跳，甚至每一根血管的收缩。除此之外，它还调控着我们的内脏与身体激素的分泌，在我们的身体中形成一套固有的规律。比如，当你紧张的时候，就会汗毛竖起，起鸡皮疙瘩；当你进入闷热的房间时，就会汗流浃背；当夜幕降临的时候，你就会产生睡意。

自主神经有一个显著的特点，就是它虽然存在于我们的身体内，但是不受我们的意识支配，不仅如此，它还支配着我们的生命。它就像身体的"自动驾驶程序"，把我们生命中最为重要、每时每刻都在发生的身体活动放到后台去运行，确保生命安全；也像我们身体的"预设系统"，当我们遇到外界变化时，身体就会根据固有程序进入一种设定好的状态。

这其实是生命的一种演化。试想一下，如果自主神经完全交给意识来支配，那么很可能会出大麻烦。比如，在看书、打游戏的时候，你一入神就忘记呼吸了，又或者跟别人吵架的时候，你一生气就忘记心跳了，那生命岂不是随时随地都面临危险？

自主神经系统如此隐秘而重要，我给它起了一个很炫酷的名字，叫作"隐藏的自己"。自主神经系统就是隐藏在你身体内的另外一个自己，你感受不到它的存在，但它却每时每刻都在，而且还深深地影响着你的身体。

自主神经虽然不受我们的意识控制，但能够被我们这本书的主题——压力影响。举个例子，假如回到了远古时代的你正身披兽皮，手持长矛，独自行走在森林中。阳光在树叶的缝隙中闪闪发光，青草和土地的芬芳随着呼吸进入你的身体，头顶上偶尔传来几声鸟鸣，这一切让你觉得惬意极了。忽然，你发现不远处，一双闪着金色光芒的眼睛正注视着你。你定睛细看，是一只老虎！你心跳加速，血压升高，双眼瞳孔放大，流向内脏的血液减少，流向四肢的血液增多，你的皮肤毛孔紧急收缩，肾上腺素水平骤然提高，身体变得异常敏感。此时，你需要选择搏斗还是逃跑！

图1-4　自主神经的作用

当你遇到老虎时，你的情绪、感受从非常放松变得异常紧张，体征也发生了一系列变化。这些变化的载体就是自主神经系统。而刺激自主神经做出改变的，就是你遇到的老虎，也就是危险带来的压力。如此看来，自主神经的这种反应其实是一种自我保护机制。如果没有这种自我保护机制，上一秒你正惬意享受生活，下一秒就可能成了老虎的盘中餐。

自主神经系统还会保护我们的体温不会受到环境温度的过度影响，所以我们的体温常常保持恒定。但对于一般人而言，这种调节和保护是有限度的。在极端的低温环境下，自主神经对于体温的调节就会失灵，所以在没有保护措施的情况下，人体暴露在低温环境下，生命安全会受到巨大威胁。

荷兰"冰人"的故事告诉我们，自主神经系统并非完全游离于我们的控制之外。因此，我们得到了一个重要的启示：压力并不是为所欲为的。压力想通过自主神经让我们的机体做出反应，我们同样可以通过一些特殊的训练和生活方式的改变来干预和调节自主神经的活动，这也是本书的最终目的：教你学会如何进行压力调节。

第二节
利用"欺骗"为减压赋能

在重新认识压力之后,这一节我们将一起探索压力产生的奥秘。压力的产生和我们大脑中的两个结构——海马体和杏仁核密切相关,海马体的记忆作用和杏仁核的识别作用在压力的产生过程中相辅相成。鉴于这两者间的作用联系,我们还将认识一种帮助减压的特殊手段,叫作"系统脱敏法",即通过在压力环境中重塑记忆,创造新的记忆模式,来达到消除焦虑和紧张情绪的目的,从而为减压赋能。

一、记住压力——海马体

适当的压力对我们的生活具有积极意义,其中一个很典型的例子就是"狮子记忆法"。

狮子在捕猎的时候会调动它的记忆,回忆哪里的草地羚羊最多,哪里的池塘有丰富的水源。人们发现狮子在捕猎的时候普遍有以下几个特点:狮子往往在饥饿的时候捕猎行为最活跃,效率也最高;

狮子在觅食时总是不断地走动；狮子处于寒冷环境时捕食效率更高。人们便根据狮子捕猎的这三个特点——饥饿、走动和寒冷总结出了有助于增强记忆的学习方法，这便是"狮子记忆法"。也就是说，要想提高记忆效率，那就尽量在饭前饥饿的状态下学习，而且最好一边走动一边记忆，比如在上学路上背单词；以及在学习的时候不要穿太多，应适当降低环境温度来提高记忆效率。

但是"狮子记忆法"真的如此神奇吗？掌握了这些技巧记忆力就会提高吗？

负责记忆的主要是我们大脑中一个叫作"海马体"的结构。它位于我们双耳附近的大脑深部，左右脑各有一个，体积不是很大，因为它的形状特别像海洋中的海马而得名。海马体的记忆功能是可以通过外界影响被刺激活跃的。比如，科学家的研究发现，"狮子记忆法"中饥饿这一因素的原理便是饥饿时产生的激素会刺激海马体增强记忆。

你有没有为这样一个问题焦虑、困惑过："为什么有些事我就是记不住，无论看多少遍、听多少次，无论怎么提醒自己，仍然记不住？"

其实，你无须焦虑，也不必困惑，因为遗忘是我们每个人的本能，这是人脑进化的一个结果。在重量方面，大脑占身体重量的2%，但是在耗能方面，大脑消耗的能量占了身体的25%。由此可见，大脑是人体的"耗能大户"。面对如此高的耗能，若想维持其运行，当然需要一种"节能模式"。为了达到节能的目的，我们的大脑对于绝大多数事情都是很快忘掉的。因此，我们大多数的记忆都是短期记忆，只能维持几秒到几分钟的时间，很难形成长期记忆。而海马体正是扮演了长期记忆的"闸门"。

那么，什么样的事件才能通过海马体这个"闸门"，形成长期记忆呢？答案便是：与个体生存相关的压力性事件。寒冷和饥饿会让狮子警惕环境对自己生命的威胁，所以更容易调动记忆功能。生活中有很多类似的情况。比如，你出门是不是会经常忘记关灯？可是，你出门会经常忘记关煤气吗？想必忘记关灯是常事，忘记关煤气则非常偶然，甚至从未发生过。这就是因为你知道不关煤气是非常危险的事，与此对应，不关煤气这件事就变成了与你生存相关的压力性事件。这种压力会变成长期记忆，永远存储在你的脑海里。再比如，直到今天，大部分经历过"9·11"事件的美国人都记得当天自己在做什么，就是因为这件事对他们来说是压力性事件，这种压力会把当时发生的事情变成长期记忆储存起来。

我们的大脑每天都要接收无数的信息，如果所有信息都被储存起来，大脑的耗能就会越来越高，身体也将不堪重负。所以，海马体负责的是筛选工作，它将对我们情感或生存方面产生最大压力的事件转化为长期记忆，并储存下来，这是我们人体在不断进化过程中形成的保护性机制。

图 1-5　海马体

二、识别压力——杏仁核

海马体留住压力性记忆，那么对压力的判断又从何而来呢？这就需要我们大脑中的另一个结构——杏仁核了，它的作用就是对事件产生情绪，判断压力的大小。

心理学博士理查德·J. 戴维森（Richard J. Davidson）在《大脑的情绪生活》（*The Emotional Life of Your Brain*）中写道："大脑中主要处理社会性行为的区域出现在距今约 2 亿年的哺乳动物的脑中，这部分古老而原始的区域叫作'哺乳动物脑'，其中就包括杏仁核。"杏仁核因形如杏仁而得名。杏仁核从不休息，时刻探测着外界，大到生命受到威胁，比如前面我们讲的煤气泄漏或者地震等，小到负面的情感体验，比如工作竞争的焦虑感、丢失物品的失落感等，都会激活杏仁核并使其开始识别压力。

举个我们绝大多数人都遇到过的例子：当众表演时，你为什么会心跳加速，大脑空白，语无伦次呢？这是因为当你被一群人盯着时，杏仁核马上警觉，大脑会唤醒基因中的远古记忆，感觉像是被动物盯上般遇到了危险，于是立刻调动自主神经系统启动生存本能：心跳加速，呼吸急促，四肢充满血液和氧气，以便战斗或逃跑。与此同时，大脑用于思考和组织语言区域的血液被四肢抢走，所以你会觉得大脑一片空白。

此外，有研究表明，社交恐惧症患者和创伤后应激障碍患者脑中的杏仁核都会出现异常的变化。我曾经治疗过一位创伤后应激障碍患者，他在工厂工作的时候，被机床从两边挤压了头部，导致双侧颅骨骨折。后来经过治疗康复了，但是他落下了一个后遗症，每次回到工厂只要看到那台机器就会大汗淋漓，恐惧不已。这就是因为他的大脑已经将上次的事件认定为一个威胁生存的压力性事件。只要他看到那台机器，大脑中的杏仁核就会被激活，并识别其为压力性事件，唤起海马体中的长期记忆，从而让他进入非常不安的状态。

图 1-6　杏仁核

三、系统脱敏法——为减压赋能

在我们每个人的大脑中，杏仁核与海马体都是协同工作的。杏仁核负责基于事件产生情绪，判断压力的大小；海马体负责过滤小压力事件，将大的压力性事件转化为长期记忆。正是因为有了海马体这个信息库，杏仁核才得以准确识别压力带来的情绪信息，并且被激活。同时，杏仁核也会向海马体发送强烈的情绪导向信号，极度正面和极度负面的情绪都能让相关事件的记忆变得更加牢固。海马体与杏仁核的协作，使人类在处处有危险的原始社会得以生存和延续。对野兽的恐惧让人们牢牢地记住它们的面孔，以便在感觉到它们接近的第一秒就做出反应：选择防御、逃跑或战斗。

但海马体与杏仁核这些区域原始而本能地传递给我们的信息也可能具有欺骗性，会影响我们对当下情况的判断。也许你在学生时代听过一句话，甚至现在还在对自己的孩子耳提面命，那就是："不好好学习，这辈子就完了。"这句话在你脑海中盘旋，海马体和杏仁核不断地告诉你："学不好就要完蛋，考不好非常可怕。"于是你就对考试这件事产生了强烈的恐惧，在考前压力倍增，异常焦虑，白天看不进书，晚上睡不着觉……但是，事实可能并非如此。学习不好，并不会让谁的人生真的"完了"。考试考砸了，更是一个十分平常的经历。觉察到海马体与杏仁核欺骗了我们，意识到这些来自大脑中的原始恐惧很多时候都不是现实的真实写照，就是减压的开始。

看到这里，你是不是茅塞顿开了？

利用海马体与杏仁核的欺骗性，重塑记忆，创造新的记忆模式，可以为我们的减压赋能。其实，这是一种被称为"系统脱敏法"的心理治疗手段，主要用来治疗一些心理障碍与行为障碍。比如，我们前面说的社交恐惧症和创伤后应激障碍，以及个体对考试、公开表演、来到新环境等日常事件的负面反应。

系统脱敏法会缓慢地诱导个体暴露在使其感到焦虑、恐惧的情境下，并通过心理的放松状态来对抗这种焦虑恐惧情绪，最终达到缓解甚至消除焦虑和恐惧的目的。

比如，如果你很害怕当众发言，你可以尝试一下这样做：独自一人，选择一个令你感到放松与安全的环境，身处其中，准备好发言的姿势和神态。想象一下，有一群人正坐在你的面前，目不转睛地盯着你，准备听你的发言。此时，你可能会开始紧张，呼吸急促，心跳加速……别慌，在心里默默地告诉自己，紧张是正常的。这么多双眼睛盯着自己，谁能不紧张呢？不要强迫自己快点儿放松下来，更不要陷入懊恼。在紧张的状态下，慢慢地深呼吸，调整呼吸的频次，放松全身的肌肉，别那么紧绷。然后，在心里和自己对话："不会发生什么可怕的事情。"

不断重复练习以上过程，直到你不再感到紧张、焦虑。经过反复多次、循序渐进的练习，你会发现，那些让你感到焦虑和恐惧的事情，渐渐地已经刺激不到你了。你对这些事情没那么敏感了，"脱敏"了，压力自然也小了许多。

利用海马体和杏仁核的欺骗性，除了能够为减压赋能，还能将你难以记住的知识变成长期记忆。在这里，给大家介绍两个小技巧。

第一个技巧叫作重复。比如，你在考试前反复背诵一个知识点，只要你重复的次数足够多，你的海马体就会觉得这可能是对个体情感或生存很重要的内容，于是就会打开"闸门"，让这个知识变成你的长期记忆。

第二个技巧叫作赋予意义，产生情绪。比如，我问你上周三做了什么工作，你可能已经想不起来了，但是如果我问你，你入职的第一天做了什么工作，你往往会记得，因为"入职第一天"有独特的意义。你产生了或紧张或兴奋的情绪。情绪越强烈，记忆就越深刻。因此，学会赋予意义，调动情绪，记忆效果就会事半功倍。

以上便是我想告诉你的压力产生的奥秘，你理解了吗？

第三节
打开通往强大内心的"道路"

在学会如何通过"欺骗"大脑中压力的警觉系统——杏仁核和海马体来为减压赋能之后，这一节我们要讲一讲大脑中的另一个重要结构——前额叶皮质，它对于我们在压力环境中控制情绪、保持专注至关重要，可以说它是我们理性决策的中心，同时也守卫着我们通往强大内心的"道路"。

一、情绪反应的司令部——前额叶皮质

当我们愤怒时，心中像有一万只野兽奔腾而过，恨不得把身边所有的东西都摔烂。但现实中我们大多数人并没有真的这样做，这是如何实现的呢？

大脑中的杏仁核会基于外界发生的事情产生情绪，这种情绪会直接给身体带来压力感。比如，紧张的情绪让你手脚冒汗，心跳加速；兴奋的情绪让你面色绯红，神经活跃。但杏仁核不会做出理性的判断。如果全凭情绪决定我们的行为，后果将完全失控。所以，杏仁

核就需要一个"领导"，帮助控制和管理情绪，这个"领导"就是前额叶皮质。前额叶皮质是位于大脑最前部的皮质结构，它是我们理性决策的中心，如同公司的 CEO（Chief Executive Office，首席执政官）、乐队指挥官，是情绪反应的司令部。

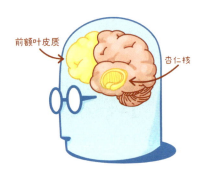

图 1-7　前额叶皮质

所以，愤怒时对行为的控制就是前额叶皮质在对杏仁核起领导作用。再比如，我们如果将一根麻绳误认作一条蛇，第一反应便是跳开，但我们定睛一看这不是蛇，马上就恢复了平静，这也是前额叶皮质在起作用。

如果人类没有前额叶皮质的调控，会发生什么呢？

我曾经治疗过一位患者，这位患者是一位大学教授。他平时温文尔雅，学识渊博，待人也很谦和。但有一次他不小心跌倒，后脑勺着地，导致脑出血，而出血的位置刚好就位于前额叶皮质。后来经过治疗，他痊愈出院了。但是没过几个月，他的家人来门诊找我，说这位患者自从受伤以后性格大变，以前非常温和，现在脾气暴躁、脏话连篇。这就是因为他的前额叶皮质受损，杏仁核对情绪失去了控制。其实这种情况并不是个例，它还有一个专门的名字叫作"污言秽语综合征"。前额叶皮质不仅会受伤，还会随着年纪的增长而退化。所以，如果我们发现老人的性格有变化，我们就要明白，这往往跟他的前额叶皮质功能退化有关系。

二、长时间警觉与大脑的耗尽感

相信你在生活中一定有过这样的经历：长时间专注于学习或者工作后，会觉得头昏脑涨，无法清醒地集中注意力；长时间认真地驾驶车辆后，会发现注意力开始分散；长时间参加会议时，一不留意就走神了……

其实，这也是前额叶皮质在捣鬼。因为除了让你保持理性思考，对杏仁核发出的原始冲动进行抑制，前额叶皮质还有一项非常重要的功能：让你保持警觉与专注。

神经心理学研究表明，当前额叶皮质受了损伤，人对注意力的调控能力就会变得低下，容易受到干扰，要么注意力容易分散，要么很难在不同事物或不同行为之间进行切换。

所以对于走神这类现象，究其原因就是：长时间地保持专注和理性，需要让负责领导、控制情绪的前额叶皮质高速运转，和感知情绪但无法理智判断情绪的杏仁核不停搏斗。前额叶皮质极大地消耗了能量，让大脑产生了耗尽感。而且长时间的警觉还会影响自主神经系统的正常平衡，对身体造成不好的影响。我们常说希望自己身体健康，首先心情就要平静、愉悦，现在的科学数据也证实了这个观点。

国外的一项调查表明，在 405 个癌症病人中，72% 的人都有过不同程度的情感危机与情绪紧张。伦敦大学的一项研究还表明，如果有持续不断的邮件和短信干扰被测人员，那么他们的智力会下降大约 10%，这和一夜未眠的结果类似。另一项研究显示，小睡 26 分钟可以让美国宇航局的飞行员工作效率提高 34%。此外，还有统计表明，长期生活在高度警惕状态下的士兵，并不会只将注意力集中在某一个特定事物上，而是会分散在各处，留心周围是否有危险发生。以上这些情境都给了我们一个提示："永远在线"的状态可能符合我们的期待，但并非是保持专注最高效、最持久的方式。

那么，如何保持最佳的专注状态呢？

有学者提出，大脑拥有一个警觉周期——我们的大脑最多可以保持约 90 分钟的警觉。如果超过 90 分钟，大脑就需要放松了，可以走神一小会儿，再开始专注。这样的周期循环，才是保持专注高效且持久的方法。这就像学生上课，之所以每节课被设置成 45 分钟，然后课间休息 10 分钟再开始下一节课，就是为了让学生的大脑得到放松，从而保持更高效和持久的专注。所以，想要保持高效的专注，就要允许前额叶皮质时不时地去放空自己，在走神与专注两种状态间循环往复。

总而言之，前额叶皮质状态好的时候，它可以有条理地安排大量需要甄别轻重缓急的工作。但是，当长期的压力与警觉使前额叶皮质过度劳累时，它的工作效率便会大大降低，对杏仁核的管控与调节能力会减弱。杏仁核便伺机活跃起来，不断激活交感神经，使我们产生不受控制的情绪与应激反应。长此以往，心悸、哮喘、胃溃疡、睡眠质量差、免疫力下降、亚健康状态等都会找上门来；还会使个体表现出反常行为，如通过发怒来释放压力、行为带有攻击性等，甚至可能诱使精神疾病发生。可见，前额叶皮质与杏仁核就是"你弱我就强，你强我则弱"的关系。

三、如何锻炼前额叶皮质

神经学家通过核磁共振成像技术发现，前额叶皮质和杏仁核之间也有紧密的接触。两者间的联系越多，一个人的情绪调节能力就越强，也就越容易在压力环境中保持良好的状态。现在很多人都说，一个人成功的关键是内心足够强大。而内心的强大不仅和先天条件有关，也和后天的锻炼有关。精神病学专家黛博拉·马林（Deborah Marin）说过："有些人可能生来就有更强的适应力，内心也更加强大。"那么，在我们无法改变基因的前提下，是否可以通过后天锻炼来让内心变得更强大呢？好消息是，就像肌肉可以通过锻炼来增强一样，前额叶皮质和杏仁核之间的神经联系也是可塑的。

图 1-8　加强前额叶皮质与杏仁核的联系

有三个方法可以用来锻炼前额叶皮质，塑造前额叶皮质和杏仁核之间的神经联系，使两者之间的联系增多，从而强大自己的内心。

第一个办法是冥想。冥想不是玄学，而是一种注意力练习。每次在走神时，努力让注意力重新集中，就是在启动前额叶皮质对情绪的领导和控制功能。就像锻炼手臂可以让肱二头肌更强壮，用这种方式锻炼大脑，我们的神经细胞就会被激活，在此处建立新的连接，使前额叶皮质主导的思维过程更加轻松、准确。后文我会详细讲解如何进行冥想练习。

第二个办法是压力接种。不知你是否理解疫苗接种的原理。我们接种疫苗，其实是将灭活的安全病毒注入体内，刺激机体产生抵抗病毒的抗体，等到自己真的暴露于有致病性的病毒中时，抗体可以及时杀灭病毒来保证健康。压力接种也是同样的道理。我们可以尝试先让自己暴露于较小的压力源中，在低风险的情况下练习面对恐惧，等轻松处理好轻微压力后再尝试让自己去面对更大的压力，从而使大脑处理压力的能力逐渐变强。比如，不敢当众演讲的人，可以先选择在熟悉的人面前多进行模拟练习；工作上遇到大难题时，可以从最简单的步骤入手，鼓励自己不要着急，慢慢解决。在临床环境中，这种直面压力的方法被称为"暴露疗法"，尤其适用于创伤后应激障碍患者的治疗。这种方法的目的其实是让你对压力耐受，同时也可以帮助你学习如何在有压力的情况下保持冷静。

第三个办法是睡觉。有研究表明，高质量的睡眠有助于大脑前额叶皮质在脑细胞之间建立新的连接，还可以帮助恢复那些因长期压力而丧失的连接。而睡眠不足会加剧慢性压力引起的许多大脑问题，导致前额叶皮质活动减少，杏仁核变得更加活跃。长此以往，焦虑情绪便紧随而来。在后面的章节中，我也会针对如何拥有高质量的睡眠给出一些科学方法。

四、保护前额叶皮质至关重要

最后，我还要从安全角度提醒一下大家。我们人体颅骨的内侧面并不是光滑的，有很多突出的骨脊。这些骨脊就像一把把尖刀一样竖立在前额叶皮质的前方。如果头部受到碰撞，特别是后脑勺受到撞击时，人的大脑就会在颅骨里发生位移，骨脊就会刺入前额叶皮质，造成损伤。我们将这种损伤称为"对冲伤"，是出现概率非常高的一种颅脑损伤。所以，在生活中我们一定要注意保护好头部，避免颅脑损伤，特别要注意保护后脑勺，避免受到碰撞，以此保障前额叶皮质的安全。

图1-9　危险的"骨脊"

知己知彼，百战不殆。我们揭开了脑中前额叶皮质的神秘面纱，便可以利用它的生理机制让自己更好地摆脱压力，不被压力随意操控，快在生活中试一下吧！

第四节
压力区也有"快乐源泉"

现在，我们掌握了通过锻炼前额叶皮质拥有强大内心的方法。其实，除了利用前额叶皮质领导杏仁核来抑制负面情绪，帮助我们保持理性，我们还可以化被动为主动，学会与压力共存。这一节我们就来认识一个新的概念——心流，并一起来学习如何达到这种在压力中获得愉悦的至高境界。

一、压力区的快乐源泉——心流

战国时期，庖丁给文惠君宰牛时，他手、肩、足、膝并用，触、倚、踩、抵相互配合，动作协调潇洒，游刃有余，如同奏乐一样，获得了文惠君的夸赞。当文惠君问及庖丁技术为何能高明到这种地步时，庖丁回答："我刚开始宰牛的时候，看到的都是整头的牛。三年之后，我对牛的结构了如指掌。现在便用精神去接触牛，不再用眼睛看它，感官的知觉停止了，只凭精神在活动。"

图 1-10　庖丁解牛

　　这个成语故事不仅在我国广为流传，心理学家米哈里·契克森米哈赖（Mihaly Csikszentmihalyi）教授在他讲述心流的著作中也以此为例。米哈里认为，庖丁凭精神解牛，这说明他已经在工作中进入心流的状态。

　　那么，什么是心流呢？

　　20世纪60年代，在芝加哥大学就读博士学位的米哈里在研究创作过程时发现，在创作顺利时，有些艺术家能全身心地投入，废寝忘食，感受不到疲惫，仿佛全世界只有创作这一件事，直到创作结束。后来，他又发现，大多数人都会在一天的工作之后筋疲力尽。但是，也存在这样的人：他们会在工作一整天之后依然精神抖擞。于是，米哈里和他的团队研究了大量的人们公认的具有创造力的人物，包括顶尖的运动员、音乐家、学者等。结果发现，他们在工作时，会处在一种精神抖擞的状态中，以至于有时候产出的成果不是靠思考，更像一种自然而然的情感流露。一位著名钢琴作曲家描述了他在创作时的心情："我会进入狂喜的状态。在那个时候，我感觉不到自己，我好像根本就不存在，我的手好像跟我的意志无关。我坐在那里，带着崇敬和平静的心情，音乐就这样自然而然地从我手指间流淌而出。"1975 年，米哈里教授首次发表了他对于这种独特体验的研究观点，并给它起了个传神的名字——心流。

心流便是我们在做某些事情时全神贯注、投入忘我的状态。在这种状态下，我们甚至感觉不到时间的存在，而且在这件事情做完之后我们不仅毫不疲惫，还会有一种高度的兴奋、充实和满足感。另外，当我们处于心流状态时，如果出现外力中断了自己正在做的事情，我们会非常抗拒。可以说，即便我们处于压力环境中，或者面对的是给我们带来压力的事情，只要进入了心流状态，我们也会收获高效、高质量的成果及快乐的心态体验。

二、心流也有科学原理

如此神奇的心流有什么科学原理呢？很多学者对心流进行了科学的解释。

第一个原理，就是米哈里在解释心流时用的一个非常贴切的比喻——熵。什么是熵呢？熵跟长度和重量一样，是一种度量指标，它衡量的是一个系统"内在的混乱程度"。熵越高，它衡量的东西就越混乱。例如，把一块冰和由这块冰化成的水进行比较，水比冰可以活动的范围更大，水分子的秩序也更混乱，不像冰一样整整齐齐。所以，冰变成水，熵增加了。一切自发的、有序趋于无序的过程都是熵增加的过程。米哈里便由此产生灵感，提出了"精神熵"的概念。他认为，没有全心投入要做之事的人，大脑内都相当于进行着头脑风暴。外界干扰信息对他原本目标的威胁会导致他的内心失去秩序，也就是说，干扰越多，秩序越乱，精神熵就越高。而精神熵的对立面便是心流。当进入心流状态，全神贯注于某件事情时，我们的思维便能屏蔽其他外界信息，独留一条思维通道在高效运作。所以全神贯注其实是减轻了脑力负担，因为我们的思维在集中注意力时更加稳定和轻松。这就是为什么有的人在工作一整天之后，不仅成果颇丰，而且依然精神抖擞。

结构从无序趋于有序：熵减

气分子

水分子

冰

结构从有序趋于无序：熵增

图 1-11 熵

从神经科学的角度来看，米哈里的观点也确实很有道理。科学家通过实验，分别测量人们在注意力高度集中和思维松散的状态下的脑电图。当人们全神贯注时，脑内发电通路的数量比思维分散时的更少，而且更加稳定。这就像城市里的交通网络一样，当不同方向的车流更少时，交通就会更加通畅，反之，堵车、事故等情况发生的可能性便会大幅增加。

除此之外，也有学者提出了心流的其他生理机制。迪特里希（Dietrich）曾提出了关于心流的认知神经理论模型。这个模型将我们的大脑功能划分为外显系统和内隐系统。其中，外显系统是指前额叶皮质的高级认知功能，大致作用是提升认知的灵活性；而内隐系统相对靠内侧，它和技巧性、操作性功能相关，也比外显系统效率更高。我们的思维就是这两大系统相互制衡的结果，一般情况下两者很难做到同时保持活跃。而心流就是一种不受外显系统干预，纯粹由内隐系统负责做高度熟练的事情的状态。也就是说，心流状态出现的前提，可能是前额叶皮质的功能出现短暂受抑制的状态，这才导致不费力的思维过程得以推进。这个道理有点儿像我们使用电脑时同时打开的程序多，电脑工作的速度自然就会慢，而心流状态就像电脑的其他程序都关闭了，只留下一个程序在运行。

另一个原理就是大脑中神经递质的作用。有学者研究认为，心流的激发过程是这样的：首先，大脑会分泌帮我们集中注意力、提升敏感度的物质，这就是心流的前兆。等我们慢慢屏蔽其他干扰信息，就会收获一种平时没有的视角，此时看问题会有一种新鲜感。

接着，大脑会分泌帮助减轻压力和不适感的物质，通过帮助我们减轻痛苦来进一步集中注意力。其次，当我们真正全神贯注，丝毫不受外界环境侵扰时，大脑将进入一种半休眠的状态，潜意识开始占据主导地位。此时，以上各种物质将按次序释放，一同发挥作用。最后，我们在潜意识主导的心流状态中取得了更加高效、有创造性的成果。这时，大脑又会分泌出一些让我们感到兴奋、满足和幸福的物质，产生心流的愉悦感。

由此看来，在心流状态中，我们可以全心全意地专注于手头的工作，并从中获得快乐和满足感。可以说，进入心流状态去做事，做事就会变成快乐的源泉。

米哈里教授认为，每个人毕生都面临着不计其数的挑战和压力，但是我们每个人都有进入心流的能力。我们可以把每次挑战和压力都看作一个获得幸福的良机，因为心流体验会带给我们一种对生命的掌控感，一种能自行决定内在体验的参与感。而知道如何控制内在体验的人便有能力决定自己的人生质量，也会有更积极的心态，更有能力提升自己的幸福感。

心流固然很好，但事实上，我们大多数人在工作中感觉到的都是烦躁、郁闷，生活一地鸡毛，面对压力时坐立难安，稍微运动就觉得累，只有在休闲娱乐中才能体验到空虚的快乐。面对这些实实在在的问题，你一定对于是否能进入心流状态产生了疑惑。但可以明确的是，每个人都有进入心流的能力。在下一节，我便告诉你如何进入心流状态。

三、心流的特征

　　亚历克斯·霍诺德（Alex Honnold）是徒手攀岩界的一位人气明星。徒手攀岩是一种不使用任何绳索、安全带等保护设备，完全靠身体完成的单人极限运动，其危险性之高和难度之大显而易见。霍诺德凭借徒手攀岩的经历和能力获得了诸多攀岩成就，以他的故事为原型拍摄的纪录片《徒手攀岩》还获得了第91届奥斯卡最佳纪录长片。霍诺德是世界上唯一一个已知的徒手爬上美国约塞米蒂国家公园三座著名高峰的人。其中，酋长岩被攀岩者们称为"世界上最难爬的岩壁"，陡峭的花岗岩壁高逾914米，吸引着无数攀岩者前去挑战。美国著名杂志《纽约客》将这一震撼世界的成就评价为"应该载入人类史册的又一篇章"。

图 1-12　徒手攀岩爱好者亚历克斯·霍诺德

有过攀岩经历的人都知道，攀岩是一项极需耐力的运动，很多人都因体力透支或不堪压力而选择中途放弃。面对悬崖峭壁，霍诺德是如何做到徒手登顶的呢？

霍诺德从小在加利福尼亚州长大，早在青少年时期就爱上了攀岩，经常独自去攀岩馆练习，并从那个时候就开始坚持锻炼耐力。在高中时，他坚持每周骑行110千米，这对一个孩子来说很有难度，但正是这个经历增强了霍诺德的身体素质和意志力，也使这个年轻人逐渐变得独立。在掌握了攀岩技术后，他便给自己设定了一个又一个目标。随着难度越来越大，霍诺德的目标也越来越远大。他坚信自己总有一天会徒手征服酋长岩。他与朋友准备了一年半的时间，在酋长岩上尝试了1 000多次，每次都全力以赴。他不断地微调动作以提高效率，最后不仅成功登顶，还一遍遍地刷新了自己创下的纪录。

这位攀岩者这样描述自己的感受：旁人无法想象的魔鬼攀岩训练计划对于我来说很重要，如果没有攀岩，我的人生就如同脱轨。攀岩可以让我保持健康的状态，产生一种痛快的感觉，还可以拥有越来越完美的自我控制能力。在这个过程中，我不断地逼迫自己的身体发挥所有的极限，直到全身隐隐作痛。但之后回顾运动过程时，我会感到狂喜和自我满足，甚至钦佩自己。仿佛只要在这场战役中战胜自己，人生其他的挑战也就变得容易多了。

这时，你可能已经明白，霍诺德在攀岩时的表现便是进入心流状态的典型表现。要想知道如何进入心流状态，我们先从这位攀岩能手的经历中总结一下心流的特征：

第一，全神贯注。徒手攀岩作为十大极限运动之一，稍有分心便会命丧悬崖。在生活中，不管是学习、工作还是运动，心流的快乐是严格的自律和集中注意力换来的。如果思维发散，不能专心，就不可能进入心流状态。只要精力集中了，日常琐事就被潜意识忘却或屏蔽了。对霍诺德来说，无论是建立挑战，分析步骤，还是完成目标，他始终保持着专注。

第二，目标清晰。回想我们前文提到的精神熵理论，当意识涣散时，我们的思维处于熵增状态。而一旦确定了一个清晰的目标，不管这个目标是自己树立的还是外界施加的，都有利于让思维从无序变成有序，从而更容易进入心流状态。霍诺德便是给自己制定了一个又一个征服岩壁的目标。目标存在的目的是让自己清楚接下来要做的步骤，所以目标不必过大，只要足以让你的注意力集中就可以。

第三，感到喜悦。进入心流状态之后，我们会有一种超乎现实的喜悦状态。但需要强调的是：你必须要热爱你所做的事。米哈里在研究心流时发现，进入心流状态的人，无论是画家、钢琴家还是科学家，虽然他们的专业性质完全不同，但有一个共同特点，那就是十分热爱自己的工作。想想高考的学生们就知道了，很多高三学生在高考的压力下也会让自己专注于学习，但他们并未体会到真正的心流。这是因为他们复习备考是被迫的，并不是内心真正所向。所以要想实现心流，就必须学会在压力中寻找乐趣，让自己自觉自愿地坚持下去。

第四，力所能及，也可以叫作"匹配难度"，就是你所做事情的难度要与自己的能力相匹配。后文我会告诉你如何做到这一点。

第五，忘我状态。如果你在专心做事时能够达到感知不到自己和时间的程度，那便是进入忘我状态了。

四、通往心流的秘诀

处于心流状态的人不管工作多复杂，面临的事情多困难，处理起来都毫不费力，而且有强烈的愉悦感。如果在面对压力时，我们也能进入心流状态，就再好不过了。心流如此令人神往，那么到底如何才能进入心流状态呢？

第一个秘诀，要有即时反馈，也就是巧用阶段性奖励。

阶段性奖励很好理解，我们在海洋馆看海豹表演、在马戏团看猴子表演时会发现，饲养员会在表演开始前准备好饵料，当动物拒绝表演时就给一些美食诱惑一下，而当动物成功为我们带来视觉盛宴时，饲养员同样会立刻给予美食奖励。只有这样，动物才有动力继续表演。

即时反馈指的是我们执行目标的时候，可以快速地看到目标的完成度，而这种行动后的即时响应就起到了阶段性奖励的作用。在生活中，不知你是否有过这样的感受：当玩游戏、下棋、看竞技比赛时，你会更容易集中精力，感到时间过得飞快。或者我们思考一下，比如手机游戏为什么会让人上瘾?我想其中有一个重要原因,就是这类游戏为人们呈现了一个清晰、直观的系统:有明确的目标,比如打败敌方、通过某个关卡;有即时的奖励,包括等级的提升、装备的升级、成就的累积,整个过程井然有序,促使人们一步步接近目标,不知疲倦。球类比赛也很相似,有很多球迷热衷于看篮球比赛,其实就是因为可以通过比分的实时对比和增长,直观地判断出哪个队伍离冠军更近。这个过程让人非常激动,无比吸引球迷的注意力,让其沉浸其中。

相反,高考则恰恰是一种与即时反馈相反的延时反馈,因为它的流程决定考生只能在考试结束很久之后才能看到结果。在这种延时反馈的学习中,学习的动力完全来自人的自主意识,就很容易学着学着就出现注意力涣散的情况。因此,对学生来说,如果在有大量可以自由支配的复习时间的时候,可以规划好时间和目标,每完成一个小目标就打个"√"鼓励自己,达到了自己的小目标就奖励自己玩一会儿游戏或出去打半小时篮球,这种即时反馈也许会对集中注意力、提高学习效率很有帮助。

第二个秘诀是学会独处。

南非国父纳尔逊·罗利赫拉赫拉·曼德拉(Nelson Rolihlahla Mandela)是一位英雄人物。曼德拉领导反种族隔离运动时,南非法院以密谋推翻政府等罪名将他定罪。于是,曼德拉在牢中服刑27年。在狱中,他被单独关押,每天上午和下午只有半小时的活动时间。关押室中没有自然光线,没有任何书写工具,没有同伴可以交流,与外界完全隔绝。但即使是在这样艰苦的环境下，曼德拉还是坚持锻炼身体、思考和创作，从而避免了身体和精神受损，甚至让自己的内心变得更加强大。

独处，便是米哈里教授提出的一个进入心流状态的绝佳训练方法。一个人如果不能在独处时控制好注意力，就不可避免地要求助于能带来短暂快乐或转移注意力的东西，这也就是我们所说的自律性差。相反，如果我们能够利用好独处的机会，也许会迸发出巨大的能量。米哈里认为，独处是我们健全内心的必要经历。独处是为了让我们对自己要做的事情有主控的能力。我们在做一件事时，如果连把控自己思维的能力都没有，进入心流状态就变成了天方夜谭。另外，独处也可以让我们像曼德拉一样更快适应偶然陷入的孤独处境。正如培根所说："喜欢独居的人，不是野兽就是神灵。"

第三个秘诀是匹配难度。

有挑战性的事情才能有效激发动力，但难度不宜过大，最合适的难度大概是超过你当下能力的 5% ~ 10%。相关研究显示，在从事某项工作或活动时，只有当人们面临的挑战和他们所掌握的应对这种挑战的技能具有特定关系时，才有可能获得心流的体验。这一点其实很好理解。当我们要完成一个任务时，如果任务太简单，我们就会觉得索然无味，反之，如果任务太复杂，产生的压力与焦虑情绪会让我们萌生知难而退的想法。

因此米哈里强调，当我们制定目标的时候，目标要与能力相匹配。比如，你想提高学习成绩，如果你以前的平均分是 70 分，那么提升到 73 ~ 77 分，就是一个合适的目标。如果一个大目标过于复杂，那就需要将大目标拆分为若干小目标，以降低总体目标的难度，让我们在实现目标的过程中有更好的体验感，能够获得更多的正向激励。比如，我的目标是写一本书，那么我就把这个大目标拆解成一个个小目标——先列提纲，再找素材，然后逐一完成各个章节。

在这一章，我们学习了与压力共处的方法，也找到了实现心流状态的秘诀。但是，要想直面压力、战胜压力，还要明白压力到底从何而来。下一章中，我将为你详细剖析压力的几个来源，以及减轻压力的有效方法。

第二章

压力从哪里来，到哪里去

第一节
识别压力的三大源头

　　人对压力的承受，就如同水池存水。水池能存放的水量有限，为了保证水池里的水不溢出来，增加出水量的同时也要减少进水量。所以我们想要保证自己承受的压力不突破极限，也要学会释放压力和减少压力的进入。

图 2-1　压力池

要减少压力的进入，首先要明白压力到底从哪里来。

大家不妨先想一想，你都是在什么时候感到压力的存在的？

也许你会说工作很辛苦，结果却不如人意；也许你会说日子过得太拮据，方方面面的支出都要三思而后行；也许你会说孩子进入叛逆期，成绩下降得厉害；也许你会说新型冠状病毒肺炎（以下简称"新冠肺炎"）疫情总是反复，不知道什么时候才能结束……

生活中的方方面面都可能是压力的来源。正如多伦多大学的精神病学和药理学教授罗杰博士所说："每天都有不可预测的恶性压力。"

心理学家理查德·拉扎勒斯（Richard Lazarus）和朱迪斯·科恩（Judith Cohen）将压力的来源分成三类：灾难事件、生活事件和日常困扰。

一、灾难事件带来的压力

很多人都看过电影《2012》，电影中山崩海啸的场景到现在都令我印象深刻。在世界末日来临时，每个人都想登上代表着生存的挪亚方舟。他们焦虑、恐惧、痛苦，这就是灾难事件带来的压力。

拉扎勒斯和科恩将灾难事件定义为"一种突然、特殊且严重的单一生活事件，该事件的后果需要群体共同承担，由此产生大幅的适应性调整以应对该事件"。灾难事件可能是自然灾难，比如地震、海啸、台风；也可能是人为灾难，比如战争。灾难事件带来的压力波及范围远比你想象中的大。

突如其来的新冠肺炎疫情给很多人都带来了或多或少的压力。加拿大的一项全国性调查显示：有 56% 的人因为新冠肺炎疫情而感觉压力增加，这其中有 63% 的人是 18~34 岁的年轻人。

新冠肺炎疫情暴发之初，民众大多居家隔离，关于新冠肺炎疫情的相关报道铺天盖地。当我们身处这样巨大的信息流中时，心绪很难不牵涉其中。而当大脑接受的灾难信息超过心理的耐受限度时，就有可能产生替代性创伤。

灾难的发生通常是不可预料的。那么，对于灾难事件带来的压力应该如何应对呢？如果你是灾难事件的亲历者，就需要专业的心理医生来帮助你减轻压力。如果你是通过各种媒体了解到这起灾难事件，感受到了类似的痛苦，就不必过于紧张。在面对如此巨大的灾难信息流时，人感到有压力是正常现象。可以通过以下三点来缓解压力。

第一，让生活更加充实。可以多与家人、朋友交流，聊聊彼此的心情和近况，倾诉心事；安排好自己的生活，将注意力转移到自己感兴趣的事情上，比如阅读、种花、做美食。

第二，减少自己关注相关信息的时间和频率。现代人的生活基本已经离不开电子设备，很多人手机不离手，但当心理因为接收了太多灾难性信息已经出现不适感时，就要引起重视了。及时放下手机，远离刺激和压力的来源。

第三，找专业的心理咨询师寻求帮助。如果上述两点都没有办法缓解压力，或者意识到自己长时间处在负面情绪中且无法自我调节，可以考虑找专业的心理咨询师寻求帮助。

二、生活事件带来的压力

古语有云："祸兮，福之所倚，福兮，祸之所伏。"生活事件之所以会给人们带来压力，主要的原因是生活在不断变化。而且，非常奇怪的是，生活中除了不好的事情会给人带来压力，好的事情也会。因为它们都意味着变化，有变化就需要应对，要应对就会产生压力。

比如升职意味着更大的责任和更多的工作量。我有一位朋友由于工作出色被总部提拔，他在众多竞争者中胜出，被调到另外一个区域当经理。这在他人的眼中是非常令人羡慕的事情。然而，不到半年，他就辞职了。因为升职这件事让他压力很大，再加上水土不服，他不但开始失眠，而且皮肤出现了久治不愈的牛皮癣，直到现在也没有完全治愈。再比如结婚意味着有许多事情在排着队等待处理，婚礼安排、购买住房、未来规划等，这些事情带来的也是巨大的压力。

当然，我们不能因为有压力就拒绝生活发生改变。当你能够成功应对生活变化带来的压力之后，往往会身心舒畅，生活节奏也会有条不紊。比如，你刚找到新工作时，开心之余会觉得很忐忑，因为你不知道在新工作中会遇到什么困难，是不是能够和同事们相处融洽。但当你胜任了新工作，融入了新环境，起初那种压力就烟消云散了。

生活事件带来的压力往往来源于改变，而这种压力往往是潜移默化的，不可能像灾难压力那样突如其来，所以你需要一边接收和处理压力，一边继续你的生活。为了减压放弃或阻止生活中可能会发生的改变，是得不偿失的。

关于如何应对生活事件带来的压力，我们可以参考心理学家理查德·拉扎勒斯的研究。他将压力的应对策略分为问题导向的应对策略和情绪导向的应对策略两种，问题导向的应对策略是关注如何改变压力的来源，情绪导向的应对策略是重视压力带来的情绪。比如，在面对重要的考试时，制订与执行学习计划便是一种问题导向的应对策略，向家人和同学抱怨、发泄情绪就是一种情绪导向的应对策略。

所以，要应对生活事件带来的压力，可以从以下几个方面入手。

第一，做好安排，避免情绪化地处理问题。在面对生活事件带来的压力时，最好的办法是制订生活计划以应对生活的改变。如果只是一味地抱怨、颓废只能让自己变得更加消极，积极主动地做出调整，脚踏实地地完成任务，才是上策。

第二，具体的实际操作方面可以使用一些调节睡眠、正念冥想的方法。这部分内容，我将在后面为大家讲解。

三、日常困扰带来的压力

上面所说的，都是人生中比较大的事件。但是，压力并不都来源于大事件，更多的来源于我们身边的日常小事。比如，工作任务重、屡次减肥失败、钱不够花等。这些来自外部环境和心理环境的日常困扰一点一点积累下来成为长期的压力来源。

外部环境很好理解，就是我们日常所处的环境。随着城市化进程加快，噪音、污染、拥挤等现象已是司空见惯，但谁也没想到这些我们已经熟视无睹的现象也能给我们带来压力。有人做了一个很有趣的研究，对比了住宅周边有公园或绿地的人与住宅周边没有公园或绿地的人。结果显而易见，住宅周边有公园或绿地的人压力更小，健康状况也更好。

那心理环境又指什么呢？简单地说，就是对人的心理产生实际影响的环境。与同事、领导的工作关系，与家人的家庭关系，与邻居的邻里关系都影响着人的心理状态。各种社会情境下可能存在的歧视感、高负荷工作带来的疲惫感，以及对生活的失控感，都可能成为压力的来源。

减轻日常困扰带来的压力是一个持久的过程。想要减轻日常生活中的压力，可以尝试以下几个方法。

第一，注意自己的日常习惯，保持良好的心态。首先，我们可以给自己营造一个尽可能舒适的休息空间。在挑选住宅的时候，选择周边有公园或绿地的小区，或者自己在家里多种植一些花花草草；保持规律的作息习惯，注意睡眠质量，多吃富含维生素 C 的食物。

第二，善于整体规划，提高对生活的掌控感。试着根据事件的轻重缓急列一张清单，把遇到的问题拆解成一个个小任务，一件件完成会比要一下子达到目标、解决问题容易得多。完成一件，就从清单上划去一件，这不仅能增强自己对生活的掌控感，还能提升自我效能感。

第三，经常进行一些有氧运动，锻炼身体的协调性。运动不仅对身体健康有益，还能缓解焦虑和抑郁。此外，正念练习和冥想也都有助于我们缓解压力。

第二节
定位压力的两大方法

在上一节中，大家认识了压力的三类来源——灾难事件、生活事件和日常困扰，并且知道了分别应对的办法，这样我们就可以从源头上减少压力的进入。

在减压的过程中，定位压力和了解压力来源同样重要。定位压力就如同通过体重秤上的数据来判断自己是否需要减肥，同样也有方法来测量压力，帮助人们更清晰地了解自己的压力水平。

如果对自己的压力水平不甚了解，当压力过载时也浑然不觉，就容易对身体和心理造成损害。只有精准地定位自己的压力，了解自己的压力程度，才能找到最合适自己的减压方法。

所谓"精准"，其实和现代医学的"精准医疗"发展有关。以前治疗疾病是用一种方法治疗一种疾病，现在随着医疗水平的提高，医生会针对每个病人自身的情况选择不同的治疗方法，进行更精准的治疗。

我有一位朋友，他在大学时学业和感情都有点儿不顺心，心情很低落。这种状态反过来又进一步影响到他的生活热情和人际关系。

此外，他还会担心自己的这种状况会给家人造成负担。最开始，他只是认为自己情绪不佳。后来有一次，他到医院做检查，才知道自己已经在不知不觉中患上了抑郁症。

举这个例子是想说明，对于疾病，我一直都认为预防比治疗更加重要，对于压力也一样。可是，很多人只是觉得有压力，但完全不知道自己的压力处于一种什么样的水平。甚至还有很多人都不知道自己有压力，不自觉地将自己置身于危险之中。

所以，我要为大家介绍两种操作简单而且科学的方法，以准确评估自己的压力水平。

一、问卷评估

问卷评估是心理学上最常用的一种评估方式，也是最简单有效的评估方法。我们可以一起来做一份问卷。

请你想一想，在最近一周中，下面这些问题给你带来困扰的程度，然后给它评分：完全没有是 0 分，程度轻微是 1 分，中等是 2 分，严重是 3 分，非常严重是 4 分。

1. 你最近睡眠困难吗？

2. 你最近感到紧张不安吗？

3. 你最近感到苦恼或是轻易发怒吗？

4. 你最近觉得心情低落，甚至有点儿抑郁吗？

5. 你会觉得自己比不上别人吗？

接下来请你把五个问题的分数加在一起，得出总分。

如果你的总分小于6分，那恭喜你，你目前的压力在正常的范围内。当前的生活并没有带给你太多困扰，你可以掌控和控制自己的生活。你就像一个熟练的主刀大夫，能够游刃有余地应对各种突发情况，不会因为一些无法预料的事情感到手足无措。你可以维持现在的生活节奏，积极应对生活中的挑战。

如果你的分数在6~9分，说明你最近正有轻度的压力困扰，但是你面临的压力对你的健康并不会造成威胁。不过，做一些放松的练习仍是有必要的，不妨增加一些有氧运动，也可以参考我们后面讲到的方法来调整睡眠。

如果你的分数在10~14分，说明你目前的压力已经到了中度级别，要重视起来。你当前的经历可能已经对你的身心健康造成了负面影响，需要你采取措施加以调节。回顾一下你最近经历的事情，一定要正视所有事情，即便是你想逃避或难以面对的，找一找压力的来源，尝试着用我们前面讲的方法，从源头上减轻自己的压力；也可以进行正念练习，并且使用更多维度的正念练习方法。这些方法都会在一定程度上缓解你的压力。

如果你的分数大于15分，这是一个危险的信号——你的压力过大。你的身体可能已经表现出了一些症状，急需减压。首先想想自己是否有哪里不舒服，然后请专业的心理咨询师介入。当然，使用前面的各种减压方法对于你的身体恢复也是有益的。

这五个问题就是一个简化健康测量表。它就像心理状况的温度计一样，对睡眠、情绪与人际关系敏感度这三个最容易受到压力影响的方面进行简单的评估。通过这项评估，可以基本了解压力水平。

二、压力四象限法

在对自己的压力水平进行一个简单的评估之后，我们需要从身体感受、情绪、想法及行为四个不同的方面具体观察自己的压力表现。这就是第二种评估压力的方法——压力四象限法。

当人正处在压力中时，神经系统会让身体产生反应，情绪产生变化，最后表现出各种各样的行为，比如容易冲动与愤怒、失眠、控制不住自己吃东西的欲望，甚至滥用酒精与药物，等等。

在开始使用压力四象限法之前，请先调整好你的呼吸节奏，做几次深呼吸。回想一下最近两个星期以来你的状况和感受。

身体感受	情绪
想法	行为

第一步，先来观察身体感受。

当压力来临时，我们会感觉肌肉很紧张、胸口闷、头疼、肚子不舒服、口腔溃疡，等等。

如果你有这些状况，请你先把它写在"身体感受"对应的空白处。你也可以想想，最近还有没有其他身体上的变化。有的话，也请把它写在"身体感受"对应的空白处。

第二步，再来感受情绪。

当压力袭来时，我们的情绪可能会很低落，对将要发生的事感到恐惧，甚至有点儿抑郁、焦虑。有时候还会有一种麻木的感觉，好像泄了气的皮球。

如果你有这些感觉，请你先把它写在"情绪"对应的空白处。你也可以想想，最近还有没有其他心理上的变化。有的话，也请把它写在"情绪"对应的空白处。

第三步，再来思考一下最近出现在你脑海中的想法。

当压力大的时候，我们会感觉脑子里总是乱糟糟的，好像很难动脑去思考，越想理出头绪反而越混乱，也很容易忘事和犯错，注意力很难集中，做事效率低。

如果你有我刚刚讲的这些想法和感受，请你把它写在"想法"对应的空白处。你也可以想想，最近还有没有其他想法上的变化。有的话，也请把它写在"想法"对应的空白处。

第四步，来回忆一下最近的行为。

你有没有变得更沉迷游戏，或一直想狂吃东西、买东西，总在冲动之下做出发泄的行为，发泄之后又感到后悔，在与人相处的时候变得更敏感或冲动？

如果你出现了我刚讲的这些行为，请你把它写在"行为"对应的空白处。你也可以想想，最近还有没有其他行为上的变化。有的话，也请把它写在"行为"对应的空白处。

现在，你写在纸上的内容，就是你因为压力产生的身体感受、情绪、想法和行为，我们称它为"压力症状"。请你花一点儿时间好好地看一下，好好地关心一下自己身上发生的这些事。不要小看这样的觉察，有时候仅仅是关注压力，就可以给身心带来不一样的体验。

通过前面介绍的这两种方法，我们能敏锐地捕捉到压力的存在，对压力的程度进行分级，并且将压力定位在某个象限、维度中。有了这样的基础，就可以在压力较大，导致身体产生疾病之前，尽早地进行干预，提前预防疾病的产生，也防止"压死骆驼的最后一根稻草"的出现。

在前面的问卷评估中，你的压力在哪一级？身体感受、情绪、想法、行为四个象限，哪一个让你备感压力？你想好如何应对它了吗？

一时没有太好的方法也没有关系。在下一节中，我会为你介绍一种不靠毅力就能戒除不良习惯的方法。这种方法能够帮助你应对压力象限中体现出的问题。

第三节
努力了却做不到，才是正常的

如果一个人时常压力过载，身体也会不由自主地寻找一些解压的方式，会本能地想避开让人产生压力的事件，进行一些能即刻获得快乐、释放压力的事情。然而，这些事情往往都是一些不良习惯。而且，从长远看，这些不良习惯又会反过来加重压力，逐渐形成恶性循环。

在压力与不良习惯的恶性循环中，靠毅力真的能将人解救出来吗？

这一节，我们来打破一个耳熟能详的"谎言"——无法改正不良习惯，是因为没有努力，是因为毅力不够。

一、压力带来的恶习

不少人有抽烟的习惯，虽然都知道"抽烟有害健康"，但这并没有阻挡我们把抽烟当成吃饭喝水一样平常的事。我曾经遇到过一位已经退休的患者，他是一个有着几十年烟龄的老烟民，而且他的烟瘾不是一般的大。每天早晨，他只要从床上坐起来，第一件事就是在床上连抽 5 支烟，然后再开始洗漱。他在退休之前，至少随身携带半条烟，平均每天都要抽掉 4 ~ 5 包。直到退休了，年龄也大了，他才开始重视健康，下定决心戒烟。但没想到的是，戒烟的第一个月他就连续发作了两次癫痫。

长期吸烟已经给这位患者的大脑带来了不可逆的损害，而戒烟突然之间打破身体的平衡，引起了身体上的反应。那他是如何染上如此大的烟瘾的呢？我跟他沟通之后发现，最初他的烟瘾并没有这么大，一天也就抽几支烟。后来由于工作变动，压力倍增，抽烟就成了他的一种放松方式。据他回忆，有的时候加班，一个晚上就可以抽 3 包烟。

其实，这位患者的情况绝对不是个例。压力带来的恶习不只抽烟，还包括很多，像酗酒、暴饮暴食以及沉迷于玩手机。比如，我最近工作积累得比较多，我就发现，堆积的工作越多，我就越忍不住刷手机，这导致待完成的工作像滚雪球一样越来越大。

抽烟、酗酒、暴饮暴食和无节制地玩手机，虽然大多数人都知道这些是不健康的行为，但还是会不由自主地沾染这些不良习惯。如果你也是这样，大可不必懊恼和自责，因为这是人的本能。

二、为什么压力会带来恶习？

要正确认识这一问题，我们先一起做一个假设。

设想一下，你独自一人走在沙漠里，这时候有两条路供你选择：一条路是马上就能喝到一瓶水；另一条路是再坚持走两天，就可以到达一片绿洲，那里有源源不断的水。如果你现在刚刚进入沙漠，我猜你会选第二条路。但是，如果你已经几天没喝水，体能达到极限，那么你一定会选第一条路，这就是人在压力之下的本能。

当压力很小的时候，你会很放松地等待奖励的到来。在上面这一设想中，你会边走边欣赏沙漠的风光，并不急于寻找水源，抱着憧憬和期待，这就是延时满足。

但是，当压力很大的时候，你就像在沙漠中快要渴死的人，会认为自己没有时间了，如果现在不获得水这个奖励，以后就没机会了。现在就要获得水，就是即时满足。

与这种本能密切相关的，就是我们刚才提到的等待奖励与获得奖励，我们称其为"奖励机制"。这个机制中最重要的因素叫作"多巴胺"。多巴胺让我们"渴望奖励"，也就是对可预测的奖励充满期待。当它不受压力干扰的时候，我们就呈现出延时满足的状态。当它与压力共同作用的时候，就会将我们引向即时满足。

短视频能这么火，就是利用了人脑中的奖励机制与压力的共同作用。工作之余，很多人已经没有精力再去读书、学习、运动了，等不及延时满足。但是，短视频一条一条刷下去非常快，刷到一条有趣的就能马上获得愉悦的感受。即使下一条不一定有趣，人脑的奖励机制却仍会等待下一个愉悦的奖励。于是，许多人一直刷，而且越刷越上瘾。

图 2-2　令人欲罢不能的短视频

　　人的本能决定了人在压力大的时候，更容易沾染不良习惯。当人遵从这种本能，习惯用恶习来减压时，在当下的确会感觉到放松。但是，从长远来看，这会造成很严重的后果。

　　这是一个很有趣的规律——能够带来短暂快乐的事情一般都难以长久维持。比如，吸烟的时候，尼古丁的刺激会使多巴胺不正常地增加，让人脑错误地认为吸烟是一件值得期待的、会让人快乐的事情。但是，尼古丁在人体中的代谢非常快。也就是说吸完烟不久，你的身体就会经历一个多巴胺骤降的过程，突然从快乐的云端掉下来。大多数人是受不了这样的落差的，于是又想继续吸烟，从而增加了吸烟的频率。

喜欢喝酒的人也有同样的感受。喝酒的时候很开心，但快乐很短暂，宿醉会让人第二天难受一整天。此时，想通过喝酒忘掉的压力，也会在酒醒之后更加沉重地袭来，于是又想把自己灌醉，从而增加了喝酒的频率。

三、恶习与压力的恶性循环

那么，我们应该如何戒掉这些恶习呢？

首先，做好一个心理准备——一个习惯形成后是很难被戒掉的。这主要有三个原因。

第一个原因，人的本能是追求快乐，戒掉恶习就是在切断通往快乐的路，对抗自己的本能，所以人很难戒掉恶习。

第二个原因，人脑为了适应恶习，会自动强化恶习和快乐的关系。这就导致恶习即使被戒掉了，还是很容易重新沾染。有一个实验是这样的：让已经适应了一种相对轻松快乐的生活模式的实验动物，学习新的生活模式，学会之后的一段时间，再让它们自由生活，随意发展。结果显示，有大半的动物发生了回转现象，费力学习到的新的生活模式不见了，又回到了最初相对轻松快乐的生活模式中。

第三个原因，大多数人戒掉坏习惯用的方法都不正确。就像前文提到的一个众所周知的"谎言"——出现不好的习惯要靠毅力去戒掉它。如果戒不掉，就是没有毅力，不够努力。但是，我想说的是，应对不良习惯，毅力从来都不是万能的。因为长时间靠毅力坚持会带来新的应激反应。

　　有强大的毅力通常是一个人心理功能健康的表现，说明这个人的主动性和自控力都很强，很多伟人都拥有这个特质。但仅靠毅力去戒除恶习，是一个很漫长的过程。长时间依靠毅力就像一直拉满弓的箭，这将导致新的慢性压力的产生。在这种长时间的压力之下，人更容易产生放弃的念头；而且，毅力是有限的，是消耗品；此外，恶习戒除后的"复发率"很高。所以如果单纯依靠毅力，很容易产生破堤效应，一次破例便全面失败，导致改正恶习越来越困难。

图 2-3　戒不掉的恶习

　　很多人之所以肥胖，是因为长时间以来都把美食当作生活劳累的奖励。他们度过一段压力极大的时间之后，就会想着"去吃点儿好的奖励一下自己吧"。于是，大脑慢慢默认了这件事情，逐渐形成了逻辑关系，"能吃大餐"在潜意识里已经成为他们完成任务的一个动力来源。如果他们想减肥，就必须管住嘴，那就相当于在抵抗大脑中已经存在的这个思维模式。他们就会觉得生活中没有值得自己期待的事情，自己都已经这么辛苦了，连一顿"好吃的"都不能吃。因此，他们会不自觉地抵抗新建立的健康的饮食习惯。靠毅力坚持得越久，他们就会越难受，也就越想放弃。而且，当一个人靠毅力管住嘴一段时间之后，他终于忍不住大吃一顿，随之而来的就是强烈的自责和挫败感，可能会陷入不吃、暴吃、不吃、暴吃的恶性循环，也可能会破罐破摔地自由发展下去。

所以，恶习是不能仅靠毅力戒除的。因为毅力就是"坚持"，这两个字本身就代表着吃力和辛苦。一旦靠毅力去抵抗恶习，那么内心其实就默认了这个恶习是一件美好的事情，所以才需要如此辛苦地抗拒。让自己长期保持在辛苦的状态中，人会觉得委屈，甚至产生自我牺牲感。因此，这种长时间靠毅力坚持会透支能量，自然是不能长久的。

你有没有什么不好的习惯呢？你有没有咬着牙去尝试戒除，结果又如何呢？如果不单纯地依靠毅力，要如何戒掉恶习，从这个恶性循环中跳出来呢？下一节，我们来详细讨论。

第四节
实现自我改变的两大方法

单纯地靠毅力坚持去改变，是对自身能量的透支，不仅很难成功，而且会适得其反，是不可取的方法。那么，怎样才能正面有效地改变不良习惯，跳出压力与不良习惯的恶性循环呢？现在，我们来一起学习自我改变的两大方法。

一、尤利西斯契约法

尤利西斯是古希腊神话中的一位战斗英雄，他在特洛伊战争中取得了巨大的胜利。准备凯旋时，他听说在归途中会经过一个岛屿，那里住着一位美丽的海妖，名叫塞壬。她虽然拥有曼妙动听的歌声，但非常邪恶。她的歌声会令人着魔，让船员无法自控地将船撞向暗礁，葬身海底。尤利西斯虽然知道这一切，但仍然想听到塞壬天籁般的歌声。于是他想出了一个主意。他命令船员们把自己绑在桅杆上，又让船员们用蜂蜡把耳朵封住。他和船员们约定：当船队行驶到塞壬的岛屿时，无论塞壬的歌声让他如何疯狂，如何祈求，如何命令，船员们都不要理会，只管埋头划船。于是，一行人向岛屿驶去。尤利西斯听到塞壬的歌声后，果然开始疯狂地挣扎，想要挣脱捆绑，投入大海，但船员们用蜂蜡屏蔽了歌声，坚定地按照航线向前驶去，最终安全离开了这片危险的海域。

尤利西斯契约就来自这个神话故事。虽然尤利西斯是神话故事中的人物，但他面对的这种状况在我们的生活中比比皆是。想要减轻不良习惯所带来的压力，需要提前做准备，借助外力获取帮助，而不是靠自己的毅力强撑。

基于这个道理，我们就可以利用尤利西斯契约来改正很多恶习。比如一个酗酒的人，他知道自己闲来无事就喜欢喝上几杯，所以可以提前做准备。比如，把家里的酒全部送人，人为制造获取酒的困难，那当他犯酒瘾的时候，发现家里没酒，会更容易戒酒。如果你知道自己在工作和学习中总想玩手机，你可以找一位关系要好的同事或同学，彼此交换手机，约定只有在工作、学习结束后才可以换回手机。这样就可以帮助自己提高工作、学习的效率。

图 2-4　自己与自己的契约

这些做法正像尤利西斯让船员们把自己绑在桅杆上那样，是自己和自己签订契约，然后借助外界的力量帮助自己改正不良习惯，减轻在这个过程中自己承受的压力，避免出现精神内耗的局面。

二、改变认知法

既然是"改变"，那就意味着主动摒弃，而不是被迫放弃。要做到主动摒弃，就需要发挥主观能动性，发自内心地拒绝。

还是以戒烟为例。有的人坚持了一个月没抽烟，觉得自己太辛苦了，"奖励"了自己一支烟，于是前功尽弃。这说明，不停地消耗自己的精神和毅力是很痛苦的。这让原本认为抽烟非常美好的戒烟者产生了强烈的牺牲感，戒烟不再是改正不良习惯，反倒变成了一种牺牲。与之相反，抽烟也不再是不良习惯，反倒成了奖励。这样一来，戒烟的出发点本身就错了。

所以，最重要的其实是调整思维方式，改变自己对不良习惯的认知。我们之所以要改变某些习惯，是因为它带来了不好的结果，只要改变了这些不好的习惯，就能让自己变得更好。因此，我们不要感到委屈，而要因为自己在越变越好而高兴。

对于戒烟者而言，不是"我今天没抽烟，我太辛苦了，我失去了快乐，我得补偿自己"，而是"我今天没抽烟，我的血压、心率变得更稳定了，我的呼吸变得更顺畅了，家人、朋友也不会抱怨被迫吸二手烟了，我真厉害"。

如果看到别人抽烟，也不要羡慕。调整思维方式想一想，烟里面那么多有害物质都被他吸进身体里了，身边的人不但讨厌他身上的烟味儿，还得被迫吸二手烟，百害而无一利。只要不抽烟就会神清气爽，身体更健康，家庭更和睦。其实这就是在强化"戒烟是正确的"这个念头。每想一遍，就等于把这个念头强化一遍，就更有助于改变自己的认知。

当然，完全改变习惯一般需要一段很长的时间。尤其在前几天还不适应的时候，肯定会非常难受。要长时间持续改变认知，确实不太容易。我们可以使用一个诀窍，叫作"情景想象法"，这是心理学中常用的一种治疗手段。每当你有点儿想抽烟的时候，就想象一个情景：在脑海中有一只毒虫在冲你招手。你每抽一口烟，毒虫就长大一圈，身体就会被它蚕食一部分。但是毒虫的生命周期只有21天，离开烟的喂养，它就会死亡。这样你就会产生战斗的欲望，这种战斗的欲望会很好地消减对烟的渴望。

情景想象法虽然看起来简单，但是可以帮我们解决很多问题。有一次我参加一个电视台节目的录制，嘉宾是一位心理学教授。他谈起了一种疾病，有的人会持续地做同一种噩梦，有一种恐怖的场景总是挥之不去。这会让人总是处于一种恐惧的状态。那么，该怎么解决这种问题呢？他在现场就教我们用情景想象法来摆脱这心中的恐惧。比如，你总是梦到一个怪物，那么你可以闭上眼睛，把心中这个怪物装在一个气球里。然后，想象着这个气球慢慢地越变越大，与此同时，在气球里面的这个怪物也随着气球的膨胀而变大，最后"砰"的一声，气球爆炸了，怪物也随之消失了。

这个方法虽然听起来幼稚可笑，但是绝对行之有效。只要长期坚持练习，就能克服难题。

三、避免破堤效应

破堤效应通常指因违反某些约束条例而产生的自我失控感。完全依靠毅力改变习惯，很容易产生破堤效应。一次破例便全面失败，这种失败会弱化我们改变的信心，导致改变越来越困难。

但有时候客观条件难免会和我们定下的规矩冲突。比如，躲不开的饭局和应酬会打破本来坚持得很好的戒酒与健康饮食计划。这时，我们要意识到，这些偶然事件的发生并不完全在可控范围内，是很难避免的。

尽快认识到这一点，可以把这些无法避免的小挫折和小意外也加到自己的计划里，并给它们设置一个限度。比如，一个月里这样的情况最多可以发生三次，当第四次发生的时候，无论如何都要坚决拒绝。

为了实现自己立下的目标，改变不良习惯，我们需要的是最优解，而不是完美解。所以，就算偶尔不得已打破了计划，也不要一直自责，更不要破罐子破摔，要在保持前进的状态下，重新看到目标，并且适当地调整步伐。

除此之外，我们也要避免自己成为破堤效应的诱发因素。

上大学时，我的一个室友减肥，每天都坚持去健身房。但是，有一天傍晚下雨，他本来已经收拾好东西准备出发去健身房了，我看外面下这么大雨，就自认为好心地跟他说了一句："这么大雨就别出去了，别再感冒了。"他想了想觉得有道理，结果就没去健身房。自那以后，我眼见着他去健身房的次数越来越少，减肥计划也不了了之。这时，我才意识到我成了他破堤效应的那个诱发因素。

在家人、朋友改变恶习的时候，最需要的就是身边伙伴的帮助。一定不要因为心疼朋友，就跟他说"吃一口吧，没事的""实在忍不住就抽根烟吧，明天再戒"。这些话很容易摧毁他的决心和认知，从而产生破堤效应，最后导致他们彻底放弃。

无论是我们自己，还是身边的人，在改变自己的时候，都要学会借助外力和改变认知。改变，并没有使我们失去什么，而是获得了一个更好的自己。

第五节
外貌与压力的神秘关联

在这一节中，我们首先来了解身体的第一特征——外貌。我们来看看压力和外貌之间的关系，为提升颜值提供一个新的思路。

众所周知，压力对人体健康有不良影响。疾病往往是内隐的，而且发展过程较长，早期不容易被发现。而压力对容貌的改变是外露的，哪怕只是一点点变化，也容易被察觉。所以了解压力对外貌的影响，能够帮助我们更及时地察觉压力，判断压力，从而解决压力的问题。

一、压力与一夜白头

有句耳熟能详的老话——一夜愁白了头。或许有的人觉得这是夸张的说法，但是我想说，这可真不是说说而已。

如果仔细看过著名企业家刘强东的照片，就会发现他的头顶有一撮白头发，非常具有标志性。这撮白头发是怎么来的呢？

2008 年爆发全球金融风暴，刘强东的公司京东之前拿到的投资已经消耗殆尽，而且此时，他很难再获得投资了。没有资金来运转公司，企业就面临着倒闭的风险。那一段时间，刘强东夜不能寐。想到自己白手起家，一路千辛万苦才打拼下来现在的企业，自然不甘心半途而废，而且，如果就这么倒闭了，他也无法向团队交代。届时，面临危机的将是公司里的每一位员工。在那段艰难的日子里，他肩上扛着太多的责任，有太多的问题等着他去解决。有一天早上，他照镜子时，突然看到自己前额上多了一撮白发，真的是一夜白发。

我平时在门诊的时候，也会刻意地观察一下病人的外貌状态。我发现，其实一个人的生活状态基本都写在脸上，习惯、环境、压力，都可以通过外貌看出来。特别是当人过了 35 岁，年龄相同的人，外貌的差距会很大。一个人看着年轻，往往代表着身体健康、心态良好，而一个人看起来比同龄人苍老，基本都会有一些身体上不舒适的症状或心理上的问题。

有一次我在门诊的时候，来了一位女患者，头发半花白，皮肤状态也不是很好，看上去有些苍老。首先判断她的年龄，我觉得大概五十多岁。但是当我看到病历资料上的年龄后，着实吓了一跳，她只有 33 岁。这位患者就是因为日常压力过大，长期饱受失眠的困扰，所以才来找我看病。

这些其实都是非常有代表性的压力事件。过载的压力就像一个随时会引爆的炸弹，我们无法精确地预测它的爆炸时间，波及范围包括神经、心血管、内分泌等各个系统，同样无法预测。当我们能直观地看到时，往往压力已经累积和发作一段时间了。

压力对外貌的影响如此大，那么这两者之间的关系究竟是什么呢？发表在国际顶级期刊《自然》（Nature）上的一篇文章解释了这个问题。

哈佛大学的科学家用小黑鼠做了一个实验。我们在前面讲过，身体感知到的疼痛也是一种压力。科学家们利用这个原理，给实验组的一组小黑鼠注射了一种药水，这种药水会使它们感到疼痛。果然，在疼痛压力的作用下，小黑鼠的一部分毛发在5天内变白了。此时，科学家们又给小黑鼠注射止痛药，也就相当于清除压力源。从小黑鼠的疼痛感消失开始，毛发就没有再继续变白。作为对照组，科学家们给另一组小黑鼠注射生理盐水，结果显示，这组小黑鼠的毛发没有发生明显变化。

科学家们继续深入研究，逐步排除了免疫系统等因素之后，终于确定了是交感神经系统中的去甲肾上腺素导致头发变白的，而影响去甲肾上腺素的就是压力。换言之，压力导致小黑鼠毛发变白。

这个实验强有力地说明了压力和外貌变化之间的关系。

二、压力与"颜值"

随着生活水平的提升，大家追求美的愿望也越来越强烈。女性希望自己年轻美丽，男性也希望自己朝气蓬勃。但是，超负荷的压力无疑会打破我们这一美好的愿望。

我记得大学刚开学时，同学们都精心打扮。女生化着精致的妆容，穿着小裙子；男生也把头发收拾得很有型。但是到了期末，一门考试接着一门考试，压力非常大。很多同学都在图书馆通宵复习，那一段时间就可以看到同学们穿得邋里邋遢，头发也都乱七八糟，全然没了开学时的精致形象。

其实这是很正常的事情。不妨想一想，如果每天工作就已经消耗了大把的心力，路上的通勤和琐碎的家务占用了本就不多的闲暇时间，谁还能在第二天早起一小时去装扮自己呢？对于绝大多数人来说，这几乎是不可能的事情。

这是压力对外貌的一个间接影响，压力影响了我们的行为，让我们放弃了对自我形象的管理。

除此之外，压力对外貌还有直接影响。比如前面我们展开详细讨论的头发变白，还包括因忧虑没有胃口而消瘦，或者因烦躁暴饮暴食而肥胖，以及面容憔悴、苍老、皮肤差，甚至患上皮肤疾病。

一个皮肤科大夫告诉我这样一个真实案例。她接诊了一个患有寻常型银屑病的病人。这个病最初是起红色的丘疹，大概就是小米到绿豆那么大，之后会逐渐扩展融合成棕红色的斑块，并且会出现银白色的鳞屑。生活中，我们通常把它称为"牛皮癣"。这是可以用药物控制的一种皮肤病。这个患者在此之前按医嘱吃药，已经控制得很不错了。但是，这次不但突然复发了，身上还起了很多这样带有银白色鳞屑的皮疹。而且，病人吃之前的药已经控制不住病情了。

大夫问她有没有吃什么刺激性的食物，她说没有，平时吃得都很清淡。大夫又问她有没有抽烟、喝酒、熬夜这些不健康的生活习惯，她也说没有。就在面诊的过程中，大夫发现，这个患者的手一直在揉搓自己的衣角。心理学常识告诉我们，这种重复的动作往往是焦虑的表现。大夫就试探着问了一句，最近有什么烦心事吗？结果患者的神情一下子就变了，一脸愁容。她说，儿子之前出国了，因为种种原因一直回不来。老伴现在生病了，她一个人照顾不过来。她的压力非常大，每天都为这些事情发愁。随后，皮肤病便突然发作，很难受。

其实这不是个例。很多皮肤病都和心理压力有着密切的联系。现在也已经有研究证明，心理压力会导致皮肤损伤，而且，作为外貌的重要影响因素之一，如果皮肤损伤了，颜值就会大打折扣。

压力对外貌的影响如此之大，所以我们千万不能掉以轻心。以后，如果不想吃饭或者食欲过旺；突然长出白发或者大量掉发；皮肤粗糙、长痘，甚至出现疾病，一定要重视，首先要想想自己最近是否正面临某种压力，要及时调整，千万不要忽视和逃避压力。

你有没有在某一天突然发现自己的外貌发生了某种变化呢？你是否意识到这是压力的一种外露表现呢？

要提升颜值，装扮手段"治标不治本"，只有调节好压力状态，才是更有效的解决方法。

第三章

身体高效减压法

至此，我们已经全面了解了压力的"前世今生"，科学家也在此基础上研究出了许多高效减压的方法。接下来，我就从三个方面制定减压策略，帮大家真正做到高效减压！

第一节
运动减压法：流汗使人放松

　　我们经常会在电视剧中看到这样的场景：主角因失恋伤心欲绝，在暴雨中奔跑，直到瘫坐在地；创业者因为创业失败酣畅淋漓地大哭一场，最终似乎总能让自己的情绪好转一些。可能我们也有过这样的经历，当自己在工作与生活中不堪重负，被压力压得喘不过气来时，干脆把烦心事儿通通放在一旁，去狠狠地跑上几圈，或是来场痛快的篮球赛，就能将烦恼全都忘掉。哪怕之后我们要重新拾起工作，也会感觉轻松不少。

　　大家不由得会产生疑问，运动只是让自己忘记了烦恼，还是真的能减轻压力？如果运动真的有效，那我们又该选择什么运动来帮助自己最高效地减压呢？

一、运动真的可以减压吗？

医生的工作强度都是非常高的。前几天在手术室外，我遇到几位同事正准备进行手术。手术结束后，大家在休息间一起聊天。我问同事，这台手术做了多长时间？他的回答让我大吃一惊，这台手术做了一个白天加一个晚上，而且后面还有几台手术在排队。大家是不是觉得这工作太累了，完成之后必须好好地睡个大觉？可是，他却说，等手术结束后，第一件事不是回家补觉，而是去尽兴地打一场羽毛球。

其实，这种情况在医院特别多。很多医生都极其热衷于打羽毛球。很多人下了夜班或结束了手术，都不会赶快回家补觉，而是会约上几位朋友去打羽毛球。这是因为运动除了有增强免疫力，加强对心脑血管的保护等功效，对缓解精神压力也大有裨益，是一种非常科学健康的放松方式。

除了医生，很多工作强度大的人都是运动的忠实爱好者。比如，美国前总统奥巴马是最爱运动的总统之一。他从年轻时便喜欢上了运动，棒球、篮球、保龄球、游泳、高尔夫等样样精通。而且，他越是繁忙焦虑，越会通过运动来放松自己。担任总统后，奥巴马把运动的时间更多地放在了更为方便的白宫健身房。他始终坚持每周至少锻炼6天，每次锻炼45分钟，这让他纵使身处在繁忙的工作中仍然能够保持充沛的精力、敏捷的思维和积极向上的心态。对于保持规律的运动习惯的人来说，每天的锻炼时间就是自己专属的休息时间。因为身体在运动的时候，大脑往往处于放松状态，这个时候就是总结工作和自省的大好机会。

可能许多人也有通过运动减压的经历，或者做过此类的尝试，只是没有科学、系统地去认识和利用它，最后不了了之。其实，通过运动来减压，绝对是科学的、高效的。要达到减压的效果，前提是要了解运动减压背后的原理，以及如何正确地使用这种方法。

为什么运动可以减压呢？这是因为大量的儿茶酚胺和皮质醇激素会在运动后大量分泌，儿茶酚胺中的多巴胺是众所周知的"快乐激素"，能让人心情愉悦。而肾上腺素和皮质醇激素作为人体出现应激反应时的保护激素，能让我们保护身体不受外界或自身反应过激的伤害，更好地面对压力，减少负面情绪。

图 3-1　运动使人快乐

科学研究表明，定期的运动可以预防焦虑、抑郁等心理问题的产生，也可以改善相关的心理疾病。也就是说，无论是对健康人群还是对已经有心理疾病的人群来说，运动都能帮助其更好地应对压力。运动还有助于睡眠。在运动之后，我们会更快入睡，睡得更香，在第二天开展工作时精力更加充沛。

二、选择最有效的减压运动

　　如何在种类繁多的运动方式中选择出最有效、最适合自己的那一种？又该怎样通过运动减压呢？

　　美国科学家曾对此进行了一项有 120 万成年人参与的大规模实验，来观察体育运动究竟对改善人们的不良心理状况是否有帮助，以及哪种运动方式最科学、如何运动最有效。

　　实验结果显示，人们运动的方式非常多，可以归纳为八大类。其中对于减压最有效的是这三类：排名第一的是团体运动；排名第二的是有氧运动；排名第三的是正念类运动。

　　顾名思义，团体运动就是多人一起合作进行的运动。人作为一种社会性动物，离不开团体的合作和互动。在团体运动中和他人沟通协作，对运动中的情绪状态和运动坚持的时长来说都有益无害。有氧运动指的是那种缓慢、均匀、有充足氧气参与的运动，比如慢跑、跳绳等。那什么是正念类运动呢？就是需要意识参与的运动，比如太极拳、瑜伽等。

综合这些研究结果，我推荐给大家两种对于减压非常有效的运动。第一种说出来你可能会发笑，就是广场舞。

广场舞是团体运动和有氧运动的完美结合。关于广场舞，科学家做了这样一项研究。他们随机选择了 36 位绝经后的女性，让她们坚持每周跳 3 次广场舞，每次跳 90 分钟。4 个月之后，科学家对比了这些女性跳舞前后的情况，得到的结果令人振奋：这些女性不仅体脂、体重、血脂等指标得到了改善，而且形象变得更好，人也更加自信！

广场舞简单、方便、有效，是提高人身心健康水平性价比最高的"良药"了。

正念运动，通常指的是太极拳和瑜伽，但也不仅限于这两项运动。

通过对人们运动的时长和频率进行研究，科学家们发现，当我们每次运动持续时间超过 45 分钟，每周锻炼至少 3 次时，对压力的缓解帮助最大。上述几类运动能帮助我们减少 1/5 以上的处于糟糕的心理状况下的时间。这就意味着，如果我们一个月有 5 天时间觉得焦虑或者抑郁，只要时常去跳广场舞、打太极拳或做瑜伽，就能减少一天不开心的时间。运动既不花钱，又能强身健体，不需要打针、吃药就能改善身心健康，何乐而不为呢？

对于新冠肺炎疫情期间的运动方式，有什么特别的建议吗？

答案是有的，我国科学家专门对新冠肺炎疫情期间国民的心理健康问题和体育锻炼情况做了研究。科学家在微信等社交媒体平台发放问卷，对来自31个省份的1万多名参与者进行了调查研究。不出所料，新冠肺炎疫情使日常生活和社交受限等问题，给人们的心理健康情况带来了不同程度的影响。在这种情况下，那些足不出户就可以做到的休闲运动便大放异彩。

调查显示，家庭游戏、跳绳、武术、太极拳、瑜伽及视频舞蹈等运动方式备受人们青睐，同时也有益于提高人们的心理健康水平。每次运动30～60分钟，每周进行3～5次运动，可以让运动对人们的帮助最大化。

所以，我们应该每周安排一些专门用来运动、放松的时间，和家人一起练武术、打太极或一起跟着视频跳舞。也不需要练到太累或运动过于激烈，只要能适度活动身体即可。这便是既方便又实用的缓解压力的小妙招。

当然，不仅仅是上述运动，所有运动都能或多或少帮助我们改善心理健康状况，所以大家也不必过分强求自己做上述运动。重要的是要坚持下来，保持两个月以上的运动习惯，相信我们都能更加开朗积极、精神饱满，同时拥有一个更好的体魄！

第二节
饮食减压法：好好吃饭

如果问大家压力大的时候最常做的事是什么，我相信 80% 的人都会回答 "吃"。而且，这个时候大多数人的选择都是甜食或油炸食品，奶茶、泡芙、薯片、汉堡等都被列在待选清单中。回忆一下，你是不是也"中枪"了？

"没有什么是一顿火锅解决不了的。如果有，那就两顿。"虽说这只是一句玩笑话，但也确实有一定的科学道理。压力大的时候吃东西，的确能让我们感到满足与幸福。而且，这似乎是不少人珍藏已久的"减压妙招"。但是，经常这么吃，我们不得不面对另一个更严重的问题：体重增加。我们必须意识到，"火锅疗法"即使真的能帮助我们解压，代价也是很惨痛的。

那么，我们究竟该如何从饮食入手，健康、高效地帮助我们对抗压力呢？

一、我们为什么要吃东西？

大家先思考一个问题：我们为什么要吃东西？仅仅是因为肚子饿，想填饱肚子吗？

其实饥饿感和进食行为不仅和我们的消化系统相关，也和我们大脑的日常工作关系密切，因为我们的大脑中有一种神经叫作"摄食中枢"。

在我们毫无察觉的时候，大脑悄悄地计划着和吃东西有关的事情。比如，监测我们的血糖变化，感知我们对食物的需要，在有必要的时候启动和组织饮食行为，提醒我们去吃饭；监督摄入食物的质量，发出不想吃、不好吃等信号；控制摄入食物的数量，发出吃饱了的信号等。

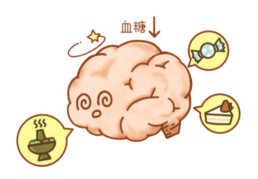

图 3-2　大脑发出指令

如果我们的摄食中枢出现问题，人的饮食行为就会发生异变。很多人都听说过一种疾病，叫作"厌食症"，与之对应，还有另外一种疾病——贪食症。厌食症和贪食症往往会循环出现在同一个人的身上，都属于摄食功能障碍。

这两种疾病，女性的患病率要比男性高，尤其是年轻女性更容易患这两种疾病。曾经有一位厌食症患者，开始只是因为考试期间压力大，吃胖了五斤，周围的亲人朋友都说她胖了。渐渐地，体重的上升和来自他人的负面评价，让她感到非常焦虑和沮丧。于是，她想到了一种减肥的方法——催吐。每天吃完饭后，她独自跑到小竹林，用手指抠嗓子眼，引起呕吐反射，把刚刚吃的饭吐出来。过了一两个月，她真的瘦了，但她开始变得讨厌吃东西。先是吃得越来越少，从半碗米饭到一勺，再到一口也吃不下，只好偷偷把饭拿去倒掉。她患上了神经性厌食症。想起吃饭，她就会出现一系列的连锁反应，比如更加沮丧、控制不住地流泪、忍不住把手伸到喉咙里去催吐。于是，她一整天只吃一个苹果或只喝一瓶牛奶。在能量严重缺失的情况下，她的状态越来越差，最后被送进了医院。在这之后，她又走到了另一个极端，那就是她完全控制不住自己的食欲，一顿饭能吃两三个人的量。再加上药物的副作用，她长胖了二十多斤。看到这样的自己，她又变得什么都不想吃了，吃半个苹果都想吐；但有时候又停不下来，肚子已经很撑了，却流着泪也要把食物往嘴里塞。

就这样，她陷入了贪食和厌食的反复循环之中。它们听起来是完全相反的两种病：一种吃得太多，另一种什么都不吃。但事实上，贪食症和厌食症都属于摄食功能障碍，而且已经有临床证据证明，病位很可能位于下丘脑的摄食中枢。所以这两种疾病的治疗，不仅要通过饮食习惯来纠正，还涉及大脑和神经。因此，除进行饮食习惯的调整外，还经常要服用一些精神类的药物来辅助治疗。

二、大脑的错误选择：情绪性饮食

大脑是人体中最复杂的器官。它发出指令的背后往往藏着很多方面的原因，比如习惯、认知、情绪或压力。这些因素影响着大脑，调控着我们的行为和在饮食问题上的反应。比如，吃什么？什么时候吃？怎么吃？

一项来自一家通信服务公司的日常研究报告显示，当员工在早晨遭受了来自客户的不尊重的言语、行为攻击，被提出不公平要求时，晚上出现不健康的饮食行为的概率就会变高。此外，高强度的工作也会影响员工对食物的选择，他们会更倾向于选择不健康的食品。

我们一般会把进食行为分成两类：一类是出于身体对能量的需求而产生的饥饿性进食，另一类是用来应对情绪而产生的情绪性进食。

那么，如何分清饥饿性进食和情绪性进食呢？情绪性进食的需求一般会在某种情况或者某种情绪的刺激下突然出现，它不像生理性的饥饿感，会逐渐出现，并且有一定的时间规律。比如，在产生饥饿感时，情绪性进食的需求如果不能立刻得到满足，会感觉非常烦躁；而生理性的饥饿感一般是可以忍受一段时间的。另外，情绪性进食更偏向于选择给大脑带来特定刺激和安慰的含糖零食，在盲目地进食后，不容易感到满足，也难以及时停下；而由生理需求引发的饥饿性进食更可能选择均衡多样的健康食品，吃饱之后就会感到满足。

电视剧里经常可以看到这样的情节：主人公在失恋之后，坐在沙发上，抱着一桶冰淇淋不停地吃。为什么主人公要选择冰淇淋，而不是黄瓜和西红柿？首先，在压力状态下，大脑对于饮食行为的管理和调节可能会受到干扰，会把吃东西当作缓解压力、应对刺激的方法之一。这也是我们在压力状态下更容易产生吃东西这一念头的原因。其次，情绪与压力会对进食产生激发和调节作用，大脑很容易把它们和饮食行为联系在一起。在失恋这种负面情绪和压力之下，黄瓜和西红柿自然没有办法满足沮丧中的大脑的需求，它需要冰凉甜蜜、口感顺滑的冰淇淋来改善心情的不悦，还有被称为"肥宅快乐水"的碳酸饮料。在很多时候，我们并不是因为渴去喝它，而是因为馋，我们想要喝冰凉、甜滋滋的饮品，体验口腔被碳酸气泡充满的感觉，从而获得轻松和快乐。

情绪性进食是大脑应对负面压力和消极情绪本能的反应。从短期来看，它确实给我们带来了愉悦的体验：食物诱人的外观刺激着我们的视觉，可口的味道满足着我们的味蕾，与此同时，情绪性进食还激活了大脑中有关食物的奖赏通路。有科学家对情绪性进食者的大脑进行功能性核磁共振扫描，发现大脑对于美食的渴望肉眼可见地变强。奖赏通路分泌的多巴胺让人产生快乐，但激素的作用毕竟是短暂的，在短暂的快乐之后，却可能会带来更大的麻烦。

图 3-3　情绪性进食

　　举个例子，情绪性进食是减肥人群所面对的一大障碍。严格的饮食计划与身材管理对于减肥的人来说也是一种压力，相比不用减肥也无须身材管理的人来说，他们更容易发生情绪性进食。这种冲动与他们的自制力无关，甚至可能正是由于他们平时对自己的约束太严苛，给自己的精神带来了太大的压力，才会出现情绪性进食。

　　减肥的人或多或少都会遇到平台期。一般来说，在平台期的时候人更容易出现情绪性进食的情况。明明每天都注意饮食，注意运动，但为什么体重就是没有变化？本来就有点儿沮丧，这时候就算体重只是轻微地上浮 0.1 千克，都可能会放大这种不好的感觉。在这样的焦虑下，人更容易愤怒，对饮食管理感到异常烦躁，最后很有可能选择吃下平时绝对不会去碰的蛋糕和奶茶。但吃完之后，第二天看着体重秤上继续上涨的数字，更难过了。那这时要怎么排解这种沮丧和烦躁呢？很有可能是继续吃蛋糕、喝奶茶。

这是一个糟糕的循环：在减肥的压力下出现情绪性进食，本来是为了安抚情绪，缓解压力，但吃完之后产生的自责感和罪恶感让减肥的压力更大了。这种失控与自责会降低自尊感，影响自我评价，带来更强烈的身材焦虑、健康焦虑和社交焦虑。减肥过程中出现情绪性进食的人是非常痛苦的。在强烈的失控感和自责感之下，他们很可能会寻求别的方式。比如，通过催吐来"抵消"这一次暴食，认为这是一种满足了口腹之欲又不长胖的好办法。但反复的暴食—催吐模式对身体的伤害非常大，还有可能演变成摄食功能障碍。本来是想"借吃消愁"，却变成"借吃消愁愁更愁"。

之前已经提到，情绪性进食会让我们倾向于选择某种特定类型的食物，比如一些具有刺激性的、高糖、高油的食物。在加班工作时打开外卖软件，我们不会想点个沙拉来犒劳自己，而是更想点小龙虾、炸鸡和蛋糕。因为这些高糖、高油、高热量的食物更容易对我们的大脑起到奖励与安抚的作用。

这种进食行为也会像一些不良习惯一样容易成瘾，而且它还存在一定的剂量依赖性。比如，以前吃一颗糖就能缓解的感觉，在我们习惯于使用这种减压方法后，可能要一顿包含薯条、汉堡、可乐的套餐才能让我们觉得管用了。

更糟糕的是，如果我们放任大脑选择这种方法减压，我们就会对这种方法越来越依赖，更难以用出门散步或者绘画等健康的方法去应对压力了。我们会发现那些健康的减压方法根本不如打开手边的零食方便，于是还是选择了吃一袋薯片。

那么，当情绪性进食的欲望变得难以抑制时，我们能做些什么呢？

由压力引发的情绪性进食可能会给我们带来短暂的愉悦，但它并不是一种可持续的减压方法。当我们意识到自己的情绪性进食行为与可能的诱因后，应该积极应对，及时化解冲动，不要总是用吃去应付情绪。只有这样，才可以避免让问题像滚雪球一样越来越大。

希望今后大家能在面对压力，认为"吃一顿就好了"的时候，能想到"情绪性进食"一词，以及它带来的一些不良后果。接下来，我将给大家介绍一些真正科学有效的饮食方式和食物，让不健康的饮食习惯变得健康，在享受食物带来的治愈感的同时，既不耽误实现减重的目标，还能够减轻压力，让身体更有能量地去应对挑战。

三、最佳的减压食谱

我们平时可能听到过不少有减压作用的食物的推荐。然而，某种特定食物的效果往往不够明显，也难以衡量。目前也没有明确的科学依据能证明哪种单一的食物对压力的缓解有显著的作用。

我们的消化系统非常容易受到心理状态的影响。除了肠易激综合征之外，已有研究证明，在焦虑、紧张等精神压力下，胃溃疡的发病率会显著提高。如果只顾着取悦大脑而胡吃海塞，给身体增加很多不必要的负担，就难以有良好的状态与充足的能量去应对生活和工作，更难以应对各种挑战。所以在面对压力时，我并不提倡去吃一些垃圾食品，而应该选择健康且营养均衡的食物。现在，随着人们对健康养生愈加关注，各种健康的饮食模式走进了我们的视野，比如素食、弹性素食、得舒饮食等。在众多饮食模式中，地中海饮食模式大概是最为有名的一种。

20 世纪中叶，美国心脏病死亡率居高不下，为此美国投入了大量的人力与财力。生理学家、营养学家安塞尔·基斯（Ancel Keys）注意到，在地中海地区，一些国家的居民心血管健康状况和平均寿命明显优于美国居民。

于是，安塞尔教授在美国政府的支持下，开展了一项意义非凡的研究，目的是探寻地中海周边国家的居民健康的生活方式里的秘密。调查发现，这些居民的饮食结构与美国居民有很大不同。地中海地区的居民一直保持着多吃蔬菜、水果、鱼、豆类食物，并且用植物油，尤其是橄榄油代替动物油的饮食习惯。安塞尔教授将他的发现整理成了研究报告并发表，揭开了地中海周边国家的居民长寿的神秘面纱。

后来，世界各国纷纷开展相关研究，地中海饮食模式对健康的益处及其科学性被一步步证实。1990年，世界卫生组织（WHO）正式开始提倡地中海饮食模式。1993年，哈佛大学公共卫生学院和世界卫生组织合作创建了地中海饮食金字塔，将地中海饮食模式总结并固定为一种饮食模式。随着地中海饮食模式的好处被发现与证实，它也成为大众和科学家最推崇的饮食模式之一。直到2021年，地中海饮食模式已连续4年蝉联《美国新闻与世界报道》（*U.S. News & World Report*）的"最佳饮食榜单"冠军。

图 3-4 地中海饮食模式

地中海饮食模式不仅对心血管疾病、糖尿病、癌症等疾病的控制与预防都大有裨益，对人们的心理健康也有重要的影响。近些年，科学家开展了数项有关地中海饮食模式对心理健康影响的研究。

意大利科学家进行过这样一项实验，他们招募了 10 812 名志愿者，并对其进行饮食情况、心理调节、恢复能力的分析调查。科学家将受试者的饮食结构分成了三大类：一是以橄榄油、蔬菜、水果、鱼、豆类和汤为主的"橄榄油和蔬菜模式"，也就是我们上面介绍的"地中海模式"；二是以动物脂肪、红肉、酒精、面食和番茄为主的"动物脂肪和肉类模式"，又被称为"西方模式"；三是以鸡蛋、糖、糖果和人造黄油为主的"鸡蛋与糖果模式"。经过长达 5 年的随访调查，结果表明，"橄榄油和蔬菜模式"与心理调节、恢复能力呈明显正相关。也就是说，这种饮食模式对心理健康有明显的好处。而另外两种饮食模式与心理调节、恢复能力则呈负相关。同时，研究人员也对食物的种类进行了整理与统计，发现与心理健康情况关联性最强的食物为蔬菜、橄榄油、水果和鱼。

在许多权威的国际期刊上，关于地中海饮食模式的益处的研究已经精细到了代谢分子通路的层面，这足以证明地中海饮食模式的科学性和可操作性。那么，地中海饮食模式究竟该怎么践行呢？根据世界卫生组织的建议，我从 7 个方面入手，给大家一些具体的建议，帮助大家实践地中海饮食模式。

第一，多吃蔬菜和水果。充足的蔬菜与水果是地中海饮食模式的基础，根据中国居民膳食指南，我们每天应至少吃一两盘新鲜蔬菜及 200～350 克水果（如 1～2 个苹果）。蔬菜、水果的种类我们大可不做限制，只要是自己喜欢的蔬菜、水果都可以。

第二，少吃红肉。我们应该相对减少肉类在日常饮食里的占比，尤其是红肉，也就是猪肉、牛肉、羊肉等，鸡肉、鸭肉等白肉可适量吃。

第三，选择更好的脂肪。不少人尤其是减肥的人总是"谈脂色变"。其实，脂肪是我们人体不可缺少的营养成分，它还会参与激素的生成与能量代谢。但是，我们应该选择更加健康的脂肪来源。比如，少吃红肉，避免过多摄入红肉中的脂肪；使用橄榄油；保证一定量的坚果摄入，等等。

第四，多用全谷物代替精米精面。全谷物是指保留了完整谷粒所具备的麸皮、胚芽、胚乳及其天然营养成分的谷物。它让我们有饱腹感的同时，还能补充微量元素，改善肠道功能。常见的全谷物包括全麦食物、燕麦、糙米等。

第五，少吃甜品。精致的糖油制品不仅容易导致肥胖，过量摄入还会对人的心理健康造成不利影响。就像我们前文提到的，反反复复的情绪性进食会让人陷入恶性循环。在想吃甜品的时候，不如用水果来代替。

第六，每周吃两次海鲜。金枪鱼、沙丁鱼等鱼类富含丰富的 Omega-3 不饱和脂肪酸，在改善心血管健康状况的同时，对神经系统与心理健康都很有好处。牡蛎、蛤蜊等贝类也是不错的选择。

第七，可以每周选一个晚上做一顿素食。我们可以先从每周有一个晚上吃全素食做起，那顿晚饭就以蔬菜、全谷物等食物为主，之后可以逐渐增加到每周两个晚上吃全素食，保证自己有足够的蔬菜与粗粮摄入。

除了关于选择食物的 7 个建议，地中海饮食模式还有很重要的一点：要与家人、朋友一起吃饭。所以，在感觉压力很大的时候别忘了和家人、朋友一起吃顿饭，在分享美味的同时也能倾诉自己遇到的烦恼，这对于减压是非常有帮助的。

四、将正念运用到饮食之中

除了保持均衡、全面、健康的饮食模式，我还想和大家分享一种吃饭的方式。它能让我们更好地享受食物本身与进食过程，也是一种能够改善情绪性进食的重要方法，它就是"正念饮食"。

在介绍正念饮食之前，我们先来了解什么是正念。

正念就是把注意力集中在当下，有意识地去觉察、去感受，但不做判断，不做分析。

明朝著名思想家、军事家王阳明就是正念的代表人物。王阳明把自己在饱经坎坷时运用的减压方法叫作"息思虑"——感到焦虑、烦闷时，便去打坐，静静地坐下来，只把思绪放在这一秒，除此之外任何事情都不想。在身体松弛、大脑放空的状态下，让身心回归自然，从压力中抽离出来。

"念"是一种稳定的心理状态。修行者将思想固定在某个对象上，专注地观察它，就叫"念"。而正念就是以一种特定的方式来觉察，即有意识地觉察，活在当下及不做判断。正念疗法是以正念为核心的各种心理疗法的统称。正念疗法从古沿用至今，也逐渐被科学家证实其对改善心理、认知、睡眠等方面有显著作用。早在 20 世纪，美国麻省理工学院分子生物学博士乔·卡巴金（Jon Kabat-Zinn）就在麻州大学医学院开设了减压诊所，并推行正念减压疗法。

　　正念饮食，就是要留意自己对食物的感觉，深入体验进食过程的一种饮食模式。在这种饮食模式下，我们更专注于吃饭的过程，专注于食物带给我们美味的体验与进食之后身体满足的感觉。

　　那么，如何践行正念饮食呢？

　　第一，营造良好的进食环境。准备吃饭前，先把与吃饭无关的东西都清理掉，只留下干净的桌面，也不要在吃饭过程中使用手机等电子设备，让注意力集中在吃饭这件事上。我们可以买一些自己喜欢的碗、筷子、碟子，也可以在节日的时候做一次烛光晚餐，增加仪式感，让吃饭这件事变得更幸福。

　　第二，要尊重身体的感受。吃饭之前，感受自己的饥饿与对食物的需求。同样，在进食过程中，我们也要注意体验身体吃饱了的感觉，并及时停止进食。

　　第三，饭前冥想。在吃饭前，我们可以做一些腹式呼吸的练习。腹式呼吸能充分调动和激活我们的副交感神经，在放松身体的同时，也能提醒自己的消化系统要准备迎接食物，开始正常工作了。

第四，细嚼慢咽。每口饭至少要咀嚼 20 ~ 30 次，以延长咀嚼的时间。这能让我们更好地消化与吸收食物，减轻胃肠负担。另外，充分的咀嚼能促进身体对进食过程的识别和反应。一些研究证明，延长咀嚼时间更容易出现饱腹感。

第五，在全神贯注吃饭的同时，充分调动感官感受食物。在吃饭时放下手中的其他事，专注于吃饭本身，也尽量不要想别的事情。吃饭并不是简单地把食物放进嘴里，尤其是我们喜欢的食物，更不要急着一口吞下，而是要先调动我们的感官，观察食物的外表，嗅嗅它的香气，也可以用手去触摸它，最后再放入口中细细品尝它的口感与味道，体验吞咽时的感觉。这个方法特别适合用来品味一些精致的小甜品，在充分享受食物的同时，还能防止自己吃得太多。

图 3-5　正念饮食

我们可以先从每周一两次开始，有意识地在吃饭的时候练习与使用正念饮食的方法。在正念饮食的引导之下，我们能全身心地专注于吃饭这件事，享受进食与食物本身带给我们的治愈感。这也是一种比情绪性进食更有效、更健康的减压方法。

下次吃到自己喜欢的食物时，可以尝试应用正念饮食的方法来感受它。

第三节
自然疗法：大自然也是医生

希波克拉底曾经说过："大自然在治病，医生只是大自然的助手。"

这句话说得不无道理。人类是大自然的孩子，也是大自然的一部分。大自然不仅给予我们衣食住行让我们得以生存，还帮助我们治疗疾病，疗愈身心。想必我们都学过古人舍弃荣华，归隐山野以调养心神的文章，种几畦田地，养几只牛羊，有着一种"采菊东篱下，悠然见南山"的脱俗之情。而带给我们压力的，正是伴随社会飞速发展而来的竞争、繁忙，如果我们能够脱离快节奏的生活，回归自然，放慢脚步，重新感悟生命之美好，自然能将压力拒之门外。

一、园艺疗法——与大自然亲密拥抱

随着经济发展与城市化的速度加快，我们穿梭于钢筋水泥构筑的大城市里，和大自然的距离越来越远。唯一能让我们感受到自然界存在的，就是城市中的植物和园艺。而我想要分享的第一个自然

疗法就与我们随处可见的植物有关。

人们早就发现，生机盎然、繁茂葱郁的植物可以安抚人的情绪。在17世纪的时候，就有学者提出，园艺活动有益于人的身心健康。18世纪初期，人类对精神疾病的了解还非常匮乏，精神病患者会被戴上手铐，限制行动。有时，收容所的管理者会带着部分患者离开房间，作为廉价劳动力去种田、耕地，目的是供应工作人员与其他患者的食物，以维持收容所的正常运行。这些患者从事的劳动包括植树、修剪草坪、给花园松土等园艺活动。很多年之后，在宾夕法尼亚大学担任医学教授的精神病学先驱本杰明·拉什（Benjamin Rush）在从事临床工作时发现，协助进行园艺活动的患者比其他的精神病患者更容易顺利康复出院。这才有人逐渐认识到，园艺活动与身心健康有关，从事园艺活动对精神病患者的病情改善是有帮助的。

19世纪初，园艺活动作为一种疗法，应用于一些精神疾病的治疗。医生会让患者到庭院中散步，观察植物，对患者进行园艺训练，让患者在与植物的接触中舒缓精神压力。当时甚至出现了专为精神病患者开设的温室收容所，从开办的第一天起就让患者积极地参与到菜地与果园的工作中。现在的温室收容所已经成为拥有着壮丽景观花园的关怀医院。那里的患者也在接受各种各样的园艺治疗。目前，这种园艺疗法的应用已经非常广泛，从一种精神病治疗手段，发展成了应用更为广泛的安抚情绪和舒缓压力方法。现在国外的许多学校、社区和养老院都在使用这种园艺疗法，自然的疗愈因子正在发挥着越来越不可替代的作用。

看起来只是播种植物、浇水施肥、赏花赏草之类的小事，为什么能拥有这么巨大的能量呢？园艺疗法是怎么舒缓我们的精神压力，甚至改善精神病患者的病情的呢？

在播种与养护植物时，我们会对植物的生命产生情感和认同。多肉植物的一个叶瓣，放在泥土里便能自己生根，渐渐长成单独的植株。这种见证并培育植物从一枝一叶长成一株小盆栽的喜悦，可以激发我们的积极情绪。我们从中能够体会到付出的认同感与收获的满足感，从而强化我们的自我确定感。植物生长、开花、结果、落叶的不同阶段也是生命的象征，"花无常开，树无常青"，只有花落才能结果，落叶也是为树木新一轮的生长提供养料。如果你正面对生活中的挑战或低谷，或许能从中得到一些启示。主动动手参与园艺活动，适当地劳作，对身体来说也是一个很不错的锻炼机会。

图 3-6　园艺疗法

在现实生活中，我们由于受到各种各样的限制，可能没有办法亲身参与园艺活动，那应该如何运用自然疗法来减压呢？这里有一些便捷、好操作的办法提供给大家。

比如，去有树木的地方散散步，留意一下周围的植物。在心理学中有一个名词，叫作"疗愈性环境"，人的生物性会使人在自然中产生疗愈与放松的感觉。1984年，一位美国医生开展了一项研究。他发现，在胆囊切除手术后，住在窗外有庭院景观病房的患者相比面对砖墙景观的患者，住院天数更少，要求使用止痛药的剂量也更少，而且极少发生术后轻微并发症。

我们也可以养一盆小绿植或者在桌上放一瓶花。一些关于植物视觉刺激的研究发现，不同色彩的植物引起的视觉刺激有着不同的心理暗示。比如，红色和橙色的月季、君子兰、蝴蝶兰等暖色系的植物，可以带给人兴奋和温暖的感觉；在广州流行的金橘盆栽，则会烘托热烈和喜庆的气氛。我们可以把绿植放在日常目之所及的地方，让它们来点缀我们的生活。

近些年，国家对自然环境的保护力度越来越大，也越来越重视森林康养的发展。不少城市在风景秀美的地方都设置了康养中心。如果周末与假期有空闲，不要总是宅在家里，可以去城市附近的森林里转转，或者去康养中心度个假，感受大自然带来的治愈力量。这会让我们心情舒畅，烦恼减少，心旷神怡的感觉油然而生。这样的主观感受也是有科学依据的。一项关于自然环境与身心状态的研究发现，某些植物，比如柏木、马尾松，会释放一些被称为"芬多精"

的物质。这些物质挥发在空气中，通过呼吸作用于人体，可以使我们的肌肉放松，同时改善心血管系统的循环功能，缓解疲劳感和紧张感。处于这种自然环境里，只要 5 分钟，人就能体验到积极的身心变化。现在这些挥发性物质已经被提取成精油，广泛运用在芳香疗法中。将带有疗愈气味的植物精油涂抹在全身或局部，可以达到舒缓放松的目的。

二、宠物疗法 ——治愈人心的陪伴

出于各种原因，现在养宠物的人越来越多了。在养宠物的日子里，虽然因为给宠物喂食、打扫宠物掉落的毛发，或者清理宠物粪便等，没少操劳，但是总的来说，心情还是非常愉悦的。试想一下，当你下班或放学后一身疲惫地回到家时，有个毛茸茸的小家伙摇头摆尾地向你奔来，热情地欢迎你，是不是心里能得到很大的安慰，疲劳与压力都被一扫而光？

越来越多的科学研究证实，养宠物对人的生理和心理状况的改善非常有帮助，是一种很好的缓解压力的方式，能够给人带来很强的治愈感。澳大利亚、英国、美国都是家庭宠物拥有率非常高的国家，60% ~ 68% 的家庭都有宠物。科学家将养宠物这一方法运用到医院、养老院、学校等各个地方，也取得了令人欣喜的效果。因此，这种通过养宠物来改善身心状态、治疗身心疾病的方法被正式命名为"宠物疗法"。而且，宠物的范畴不仅限于我们平时所熟知的小猫和小狗，马、昆虫与一些爬行动物也越来越普遍地成为人们的家庭宠物，且被广泛地应用于宠物疗法中，取得了很大的成效。

新加坡的一些科学家对真正负责养宠物的人和其他家庭成员的心理健康状况进行了一项实验，他们对 566 名有宠物的家庭的成员进行调查，通过问卷和自述区分出谁是主要喂养人，然后对主要喂养人和其他家庭成员的心理健康状况、身体活动水平、既往健康状况等信息进行采集分析。实验结果显示，那些真正负责养宠物的人情绪健康得分更高，精力也更充沛。此外，那些与猫、狗亲密接触、互动更多的家庭成员，情绪健康状况要好于养鱼、养鸟的主人的。所以，性格活泼、喜欢与人类玩耍的小猫、小狗是宠物治疗的最佳帮手。

对于一些特殊群体，比如缺乏陪伴的空巢老人、有自闭倾向的孩子来说，养宠物更是具有特殊的意义。

日本有一位老奶奶，叫孝子。她的丈夫还健在时，收养了一只叫 Koro 的流浪狗。他们的女儿不在身边时，一直都是 Koro 陪伴着他们。老两口的生活里多了个可爱的小生命，平日里充满了欢声笑语。然而好景不长，几年后，孝子奶奶的丈夫先她离去，只剩 Koro 陪着孝子奶奶度过了那段最痛苦的日子，一转眼就是 12 年。不幸的是，12 年后，孝子奶奶逐渐开始记不住事情，慢慢地，甚至生活也不能自理，被医生诊断为阿尔茨海默病。女儿不得已将孝子奶奶送进了养老院。然而，连自己都无法照料好的孝子奶奶却担心 Koro 无人喂养，所以她将她的爱犬也接到了自己的身边。此后，

Koro 继续担负陪伴孝子奶奶的任务，每天和孝子奶奶一起遛弯、晒太阳，让孝子奶奶在养老院也不感觉孤单。不久后，Koro 也逐渐出现了一些精神症状，开始突然大叫，无法控制大小便，而后也被诊断为阿尔茨海默病。于是 Koro 被送进了宠物养老院。后来，孝子奶奶与 Koro 逐渐忘记了对方。孝子奶奶不记得自己养过宠物，Koro 对自己的名字也再无反应。分开两年后，在 Koro 19 岁生日那天，一档节目安排了孝子奶奶和 Koro 见面，令人感动的一幕出现了——孝子刚见到 Koro，立马便喊道："Koro！Koro，是妈妈哦！"而 Koro 也仿佛回到了几年前，走到了孝子奶奶怀里，嗅着她身上的味道。

我们的家里可能都有老人。当我们不在家时，宠物的陪伴对老人来说可能是极大的慰藉。为了解释为什么养宠物对老年人的心理健康有益，科学家做过这样的研究：他们随机从社区中招募了 14 名喂养宠物的老年人，派专门的研究员分别与他们进行交流，话题主要是宠物给他们带来了什么、养宠物对他们来说有什么意义。调查结果中，有这样一些话令我印象深刻："它会像我关心它那样关心我。""它对我的爱是无条件的，不论我是胖还是瘦，是穷还是富，是快乐还是悲伤。"老人会将宠物视为自己的家庭成员，或视为孩子，或视为伴侣。与它们说话或者拥抱，能带给老人极大的幸福和宽慰。同时，它们也是老人与他人交流的纽带。养宠物让老人更多地走出家门，与邻居交谈时也多了许多有趣的话题。此外，老人们普遍表示，宠物早已成为自己生活的一部分，成为自己生命意义的一部分。

每天带它们去散步、给它们喂食，就是自己的快乐。

经常抚摸小猫、小狗，对减压有很大的好处。很多人到了晚年会养一只鸟、养一条狗或养一只猫，这对寿命的延长有很大的帮助。除了减压，宠物还会激发人照顾其他生命的动力，给人的生命带来意义。有这样的一个任务在，人就更有求生的欲望，更愿意活下去。人到暮年，更需要的可能是陪伴，但子女并不一定能经常陪在自己身旁，而宠物作为重要的家庭成员之一，可以陪伴老人，给老人带来快乐。

所以家里还没有养宠物的你，不妨和家人商量商量，如果家庭条件允许，家人也都同意，可以试着养一个小宠物，养宠物真的能带给你很多的快乐。当然，既然养了宠物，就要担负起照顾它的责任，真正参与到它的生命里。你会越来越喜欢它，当然它也会越来越喜欢你。切不可一时兴起，做出养了宠物又抛弃的事情。

图 3-7　宠物疗法

无论是园艺还是宠物，大自然带给我们的力量总是超乎我们的想象。多多主动地接触自然，往往能给我们带来意料之外的收获。其实，自然疗法还有许多奥秘，在等着我们去探索！

第四章

高效睡眠减压法

第一节
自我调整法：遵守睡眠卫生守则

我们从小就被要求"讲卫生，勤洗手"，这可以有效防止病从口入和交叉感染。那么，什么是睡眠卫生呢？简单来讲，睡眠卫生就是养成对睡眠有帮助的好习惯，就像养成饭前洗手的好习惯一样。遵守睡眠卫生守则是治疗失眠的第一步，也是一种自我调整。但是，还有一个问题更为重要，那就是：你为什么失眠？

一、入睡的本质：条件反射

如果想治疗失眠，先别着急使用各种手段和方法，我们首先要弄明白入睡的本质到底是什么。

在我看来，入睡的本质其实就是一种条件反射。

条件反射是巴甫洛夫高级神经活动学说的核心内容。他有一个非常著名的实验，这个实验包含三个参与元素：一只小狗、食物和一个铃铛。实验者每次摇铃铛的时候，就给小狗食物，坚持重复这个动作。一段时间后，当实验者再次摇动铃铛，而没有给小狗食物时，小狗也会流口水。因为在这段时间内建立的认知告诉它，只要铃铛摇动，它就会有食物吃，所以这次即便没有出现食物，小狗听到铃铛声，仍然会流口水。在这个实验当中，摇铃铛是一种条件，流口水是一种条件反射。只要条件具备，就会发生条件反射。

这个实验说明了两个问题：第一，生物体会对外界的刺激做出反应，即条件反射。第二，这种条件反射是可以通过后天的训练逐步建立和强化的。

当我们了解什么是条件反射之后，"人为什么会失眠"这个问题就变得非常好理解了，那就是你和你的入睡环境之间建立的条件反射不正确。

我调查过很多失眠的人，发现他们只是在自己的床上睡不着。如果换一个地方，他们很快就能睡着，还睡得特别香。比如，有些人在沙发上看电视的时候，在坐汽车或火车的时候，在开会的时候都能睡得特别香。这说明，当时的场景刚好符合他入睡的条件，于是引起了入睡这一条件反射，这些场景和他之间建立了入睡的条件反射。

二、睡眠认知疗法：上、下、不、动、静

现在有一种叫作"睡眠认知疗法"的治疗失眠的方法。其本质就是一种围绕如何建立入睡的条件反射，从而治疗失眠的方法。我们中国的医生很聪明，为了方便记忆，将这个方法总结为五个字——

"上、下、不、动、静"。

上，就是上床的时间要固定。晚上 11 点入睡是最好的。人的睡眠分为浅睡眠和深睡眠，由浅至深，再由深至浅，这是一个睡眠周期。通常一个完整的睡眠会有 4 ~ 5 个睡眠周期，如果晚上 11 点入睡，在凌晨 1 点左右刚好可以进入深睡眠。在这个时间进入深睡眠对于身体的代谢和排毒是有利的。所以，我推荐的上床时间是晚上 10 点半。人体有固定的生物节律，失眠者尤其要遵从这样的规律。

下，就是起床时间也要固定。如果你是晚上 10 点半上床，11 点入睡，那么我建议 6 点半，最好不超过 7 点起床。当然，这并不是要求所有人都要如此有规律地起床，毕竟在周末睡个懒觉也是很享受的。但如果你是失眠患者，在使用睡眠认知疗法治疗期间，我建议你不要赖床。有节制、有规律地做这一切，都是为了帮助你重新建立入睡的条件反射。

说到这里，我想很多人都会担心，如果每天晚上都需要很长时间才能入睡，早晨还要按照固定的时间起床，睡眠时间会不会不足。我想说这种情况确实会造成睡眠时间不足，但即使睡眠时间不足，我们也应该坚持这种有规律的作息，固定上床睡觉和起床的时间。当我们坚持一段时间形成有规律的生物钟后，失眠的情况就会得到改善。所以与长久的失眠相比，睡眠时间不足只会持续短短的一段时间。

当然，不同年龄段的人需要的睡眠时间也是不同的。比如，老年人的睡眠时间需求最小，大概 4 ~ 6 小时；中年人的睡眠时间需求为 6 ~ 8 小时；青少年的睡眠时间需求最大，为 8 ~ 10 小时，甚至更长。在这里，我只是给出建议，具体的时间还是要根据大家的实际生活而定。无论几点起几点睡，只要有规律且精神饱满，就是好的睡眠习惯。

不，指的是白天不补觉，不躺在床上做与睡眠无关的事。不补觉是因为每人每天的睡眠总时间是一定的，波动范围不会太大。白天睡多了，晚上就容易睡不着。对于失眠患者来说，补觉势必会加重症状。

那么，"不躺在床上做与睡眠无关的事"应该怎样理解呢？就像前面说的，入睡是一种条件反射，而且条件反射是能够在后天建立的，可以通过刻意的训练将某个事物与某种生理反应联系起来。

根据这个原理，如果我们能够做到一躺到床上就出现困意，那么床与睡眠之间的条件反射就建立成功，这就是那种让人非常羡慕的"倒头就睡"的"境界"。相反，人之所以睡不好，就是因为我们在床和睡眠之间建立的条件反射不正确。如果你经常躺在床上刷手机、打游戏、看小说，时间长了你就习惯在床上进行这些让大脑处于兴奋状态的娱乐活动。你一躺到床上，大脑就兴奋。久而久之，这种条件反射就建立起来了，自然就会失眠。

所以我强调，床就是用来睡觉的，在床上 85% 以上的时间都应该用来睡眠。如果在床上做很多与睡眠无关的事情，就会削弱床和睡眠之间的条件反射，导致你躺在床上全无睡意，继而失眠。

动，指的是每天进行户外运动 1 小时，特别是有氧运动。光线是最重要的生物钟调节器，可以说除了内源性的基因作用，人就是靠光线来和自然节律保持生物钟的。当我们进行户外运动时，环境中的自然光会通过眼睛内的感光受体促进下丘脑分泌白天生产生活所需的激素（比如血清素），来激发肌肉活性，并使情绪高涨。同时，自然光中的蓝光成分可以促进松果体合成褪黑素。到了夜晚，光线减少，这些合成好的褪黑素就被释放到血液中，让我们产生睡意，安然入睡。如此循环可以帮助我们更好地维持生物节律。

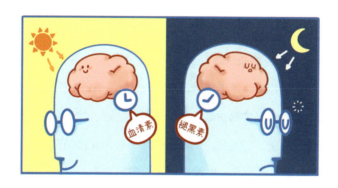

图 4-1　光线是生物钟的调节器

静，指的是入睡前内心要平静，尽量不要有过多的心理活动和过强的情绪波动。因为这些情绪会引起交感神经兴奋，让人越想睡越睡不着。在思虑纷扰时，可以听一些有助于睡眠的课程和音乐来帮助自己放松肌肉，从肩颈到手指，从腰部到腿和脚趾，慢慢地调整，让肌肉松弛下来。然后，把注意力集中在呼吸上，不要去管脑子里的想法，就在一呼一吸之间放松，等待平静的到来。然后，你就会不知不觉地睡去。

失眠是痛苦的，但失眠者只要选择正确的治疗方法，就可以战胜失眠，重获健康的睡眠。最后，让我们再来复习一遍五字睡眠卫生守则：上、下、不、动、静，固定上、下床时间，白天不轻易补觉，增加户外运动，睡前放松冷静。让我们一起遵守睡眠卫生守则，养成良好的睡眠习惯，跟失眠说再见。

三、睡前为什么要防蓝光？

蓝光指的是波长 380 ~ 500 纳米的可见光，普遍存在于自然光和白光中。我们并不能单纯通过光线的颜色来识别蓝光，就像我们看到的自然光其实是由红、橙、黄、绿、蓝、靛、紫这几种颜色的光复合而成的。值得注意的是，并非所有蓝光都是有害光，波长 480 ~ 500 纳米的蓝光，也就是自然光中的蓝光，反而能帮助人体调节生物钟，对稳定睡眠和情绪、提高记忆力等都有好处。但是电视、电脑、手机等电子产品屏幕发出的光，以及城市中的霓虹灯、室内的 LED 灯等发出的光，都是波长 380 ~ 480 纳米的有害蓝光。有害蓝光会抑制褪黑素的分泌，使人入睡困难，而且它对视网膜造成的光化学损伤，可能导致白内障以及黄斑病变等眼部疾病。

所以，我强烈建议长期在电脑前工作的上班族每 30 分钟就休息一下或者看看远方；夜晚睡觉前 1 ~ 2 小时将室内灯换成昏暗的暖光灯，最好能停止接触各种电子产品。但是，如果你因为工作需要实在做不到睡前 1 ～ 2 小时停止接触电子产品，就戴上防蓝光眼镜再使用电子产品。一般来说，能阻隔 30% 以上蓝光的镜片就已经够用了，在挡住有害蓝光的同时也不会过滤掉有益蓝光。

第二节
高效打盹法：睡眠时相

一上午都在工作和学习，下午的你昏昏沉沉，提不起精神。这时，你一定希望有什么东西能够把疲劳一扫而光。大部分人可能会选择喝咖啡提神，或者打个盹儿。那么，进入我们体内的咖啡因是如何"大显神通，一扫困倦"的呢？这种 "神通"有什么副作用吗？

一、咖啡因的作用机制：抢占腺苷受体

人体内有一种化学物质叫"腺苷"，它是人体在能量代谢中产生的一种物质。在你集中精力工作和学习时，这种物质就在体内悄悄地累积。当腺苷与腺苷受体结合时，会抑制神经传导，让人产生疲劳感。此时，你就感觉到自己困了。然而，当你喝了咖啡后，咖啡因会和腺苷竞争，抢着和腺苷受体结合，让腺苷的抑制作用暂时发挥不出来，使你不易感到疲劳，更能集中注意力，警觉性也随之提高。这就是现在普遍认同的咖啡因作用的原理。

图 4-2 咖啡提神的原理

不过，咖啡因与腺苷受体的结合并没有减少我们体内腺苷的数量，只是暂时抑制了腺苷的作用，没有从根本上解决问题。已经有研究证明，当你严重睡眠不足时，咖啡因在一些脑力工作上是无法起到改善作用的。而且当咖啡因的作用消退后，原本被抑制的腺苷卷土重来，可能会让你感到更加疲劳。这就是"咖啡因崩溃"现象的原理。

二、睡眠时相：打盹也是睡眠

在睡眠过程中，根据脑电、肌电和眼球运动等的表现和特征，我们把睡眠分成两个时相：一是让我们渐渐放松、恢复体力的慢波睡眠，二是让我们睡得更沉的快波睡眠。晚上睡觉的时候，慢波睡眠和快波睡眠交替出现，构成了完整的睡眠周期。而打盹，就属于浅度慢波睡眠。

打盹，肯定和晚上躺在床上睡六七小时不一样。比如，在午休时间打盹，你可能就是在桌子上趴一会儿，或者在休息区坐着小睡一会儿。但神奇的是，这短短的十几分钟睡眠，让你在醒来后感觉出奇地好，精神状态得到了很大的改善。

有科学家对午睡和咖啡因的作用进行了对比研究。结果发现，在工作和学习时，打个盹要比咖啡因更有效。而且，打盹对消除疲劳感、保持清醒的效果要优于咖啡因，持续时间也更长。

三、打盹的作用机制：消除腺苷积累

与咖啡因抑制腺苷作用的原理不同，睡眠能够减少体内腺苷的数量，所以睡一觉醒来之后，我们会感觉神清气爽。在打盹时，体内自主神经功能能会发生变化，让身体进入体力恢复的阶段。数据表明，那些偶尔午睡的人患冠心病死亡的概率降低了12%，而那些有午睡习惯的人患冠心病死亡的概率降低了37%。睡午觉的人患冠心病死亡的概率明显低于不睡午觉的人。

有不少神经认知科学家对午睡的作用进行过非常详细的研究，午睡除了能减少困倦感和降低疲劳水平，清醒之后的警觉性、逻辑推理能力和反应能力都有所提高。而且，对于某些特定类型的记忆与认知任务，午睡一会儿之后的完成效果甚至和晚上睡觉之后的是一样的。而且，一些调查还显示，午睡能够提升人的幸福感。

所以无论是你前一晚没有睡好，想借午休时候补个觉；还是你想要为下午的工作留存精力；或只是想单纯地享受午休，在中午打

个盹，午睡都是个事半功倍的选择。

四、高效打盹法：改变脑波模式

在头部皮肤连上电极，就能监测脑内神经细胞活动时发出的微弱电流。脑电活动就像来自大脑的广播，脑电波图就是广播稿，让我们得以了解大脑的活动与功能状态。在一天中，我们的大脑会呈现出四种波形：第一种是大脑高度清醒和活跃时的 β 波，频率为 14 ~ 30 赫兹；第二种是大脑放松但仍保留意识时的 α 波，频率低于 β 波，为 8 ~ 13 赫兹；第三种是大脑在人处在似睡非睡的潜意识状态时的 θ 波，频率更低，为 4 ~ 7 赫兹；最后一种是进入深睡眠时呈现出的 δ 波，此时的频率最低，只有 1 ~ 3 赫兹。后三种波都与我们的放松和睡眠有关。

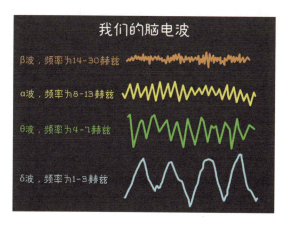

图 4-3 我们的脑电波

当外界刺激作用于大脑时，脑电波就会从一种模式转变到另一种模式。比如，当大脑处于 β 波时，如果用 10 赫兹的声波刺激大脑一段时间，脑电波的频率就会向这个外加声波的频率靠近。根据上文的介绍我们知道，10 赫兹的频率属于 α 波段，此时大脑是放松的。利用这种原理，我们就可以人为地、循序渐进地对大脑的状态进行调节，使其向我们想要的模式转变。

如果你还是觉得过于抽象，那我再举个例子。有许多研究已经表明，声波可以影响我们睡眠时的脑电状态，进而改变睡眠模式。比如，睡不着时数羊，就是在同一种声音或者某种单一的语言暗示与重复刺激下，让脑中的 α 波活跃起来，促使人慢慢地进入放松状态，从而达到入睡的目的。但要是一不小心数错了，可能会让你突然清醒，所以数羊并不是一个好的入睡技巧。

在这里，我给大家介绍两种有助于我们快速进入打盹状态的方法。

第一种方法，听白噪声。白噪声是一种有着特定均匀频率的声音。一般来说，我们会选取一些来自大自然的声音作为白噪声，比如雨声、海浪声、风吹过树林的声音。这些声音的波段都很柔和，能让我们感到放松。

早在 20 世纪 90 年代，就有科学家在实验中发现，白噪声有助于睡眠。他们随机选择两组新生儿作为实验对象，发现 80% 的新生儿在白噪声的背景下，5 分钟内就能入睡；而没有听白噪声的一组，只有 25% 的新生儿能自然入睡。现在，在一些医院中，白噪声也会用来改善 ICU 患者的睡眠。由于疼痛、药物、机械通气及焦虑情绪等原因，ICU 患者往往很难睡好觉。但是，如果让患者听着白噪声入睡，可以显著减少患者夜间醒来的次数，让患者放松身心的同时，提高睡眠质量，这对治疗效果与康复也非常有益。

白噪声还可以改善居住在嘈杂环境下的睡眠障碍患者的睡眠质量。我们的听觉系统就像随时待机的警报系统，如果睡觉时不断有不规律的声音干扰我们，警报系统就不会让我们放松下来，这样就很难进入打盹状态。而白噪声会触发掩蔽效应，降低环境对我们的影响，让我们更快地入睡。所以，白噪声不仅可以通过影响脑电波来改善睡眠，也可以通过屏蔽环境中的噪声来改善我们的入睡条件。

因此，白噪声非常适合我们中午想在办公室打个盹的时候使用，因为无法保证工作环境绝对的安静。我们可以戴上耳机播放一段白噪声，这样窗外的车流声、室内的脚步声甚至隔壁装修的声音，就都不会影响我们打盹了。

第二种方法是正念冥想。正念冥想对有睡眠障碍的人群来说是一种非常有效的办法。正念冥想能缩短入睡时间，改善睡眠质量。它能通过调整我们的脑电活动让我们达到放松的状态，长时间改善睡眠。

五、影响打盹效率的因素

想要高效打盹，还要注意两点。

第一，要注意打盹的时间。

我们的身体是有节律的。除了体温、血压和激素有节律的波动周期，我们的行为和情绪也存在节律。一般自清醒后，每隔 4 ~ 5 小时，我们就会迎来一次疲劳高峰。也就是说，如果你每天 7 点起床，那么中午 12 点打个盹就是个很好的时机。这个时间正好是饭后的时间，经过一上午的工作，再加上餐后血糖的升高，人们往往都会在这个时间犯困。前面我们讲过，想要高效打盹，最好在 5 分钟内睡着。所以最佳的时机就是你感到最疲惫，已经睁不开眼睛，转不动脑子，不想做事时，在这个时候打盹，要比其他时候的睡眠效率更高。

第二，要注意打盹的时长。

有这样一项研究，为了确定午觉时间的长短对人的状态会产生什么影响，科学家们对 5 分钟、10 分钟、20 分钟、30 分钟的午睡和完全不午睡这几种情况进行了比较。结果显示，10 分钟、20 分钟和 30 分钟的午睡都提高了人的认知能力和警觉性，而 5 分钟的午睡和完全不午睡都无法改善精神状态。而比起 10 分钟的午睡，20 分钟和 30 分钟的午睡会让人产生睡眠惯性。这就是有的时候我们一觉醒来，没有感觉神清气爽，反而感觉更加困倦的原因。因此，我们更要注意打盹的时长，以 10 ~ 20 分钟为最佳。既要避免过长时间的打盹带来睡眠惯性，让我们醒来后更加昏昏沉沉，也要避免过短时间的打盹，因为它根本不起作用。

如果你经常在白天犯困，那就需要养成定时打盹的习惯，把午休安排在 12 ～ 14 点，并且一定要控制好打盹的时长，10 ～ 20 分钟为最佳，必要时可以利用白噪音或者正念冥想，来帮助你快速进入打盹状态。做好这几点，相信你一定可以小睡十几分钟，精力充沛 4 小时。

第三节
落枕与枕头、床垫的选择

我一直赞同一个观点，在人的一生中，1/3 的时间都是在床上度过的，所以我们在购买生活用品的时候，其他的钱都可以省，但唯独床上用品不可以省钱，一定要买一些舒服的，让自己每天都能睡个好觉。在这一节中，我们就来聊聊和优质睡眠分不开的两样东西——枕头和床垫。

一、落枕：颈椎的黄牌警告

落枕，顾名思义，就是头从枕头上落了下来。落枕的医学名词叫作"肌筋膜炎"，就是肌肉外面的包膜出现了无菌性的炎症。

引起落枕的原因主要有两个。

第一，脖子受凉。比如，在寒冷的环境中睡觉时没有盖好被子，或者夏天在室内让空调对着脖子吹，此类情况都会由于寒冷直接刺激颈部的一侧肌肉，造成局部肌肉的痉挛和疼痛，继而落枕。

图4-4 落枕

第二，更常见的原因就是睡眠姿势不当。落枕其实就是肌肉损伤，睡觉时只有让枕头跟睡姿相适应，让颈部肌肉舒缓放松，才能睡得舒服。反之，若选择了不合适的枕头，睡觉时脖子就会被迫保持一个别扭的姿势，这时颈部的肌肉就会一直紧绷着。

二、好睡眠离不开的两样东西——枕头和床垫

选择枕头时，首先要确定枕头的高度。枕头不能过高或过低，因为枕头的高度会直接影响颈椎关节、肌肉、韧带的受力。这是由人体的颈椎弯曲弧度决定的。

如果你仔细观察人体的颈部模型，就会发现它不是一段直上直下的结构，它存在一个向前凸的弯曲弧度。这个弯曲弧度就是我们

仰头看天时，脖子形成的曲度，这个曲度叫作"颈椎的生理曲度"。这个曲度对颈椎是有好处的。人类的祖先要靠采野果、狩猎来维持生活，需要不停地抬头看树上的果子，平时也需要跑来跑去。这个曲度能够很好地适应平时的运动，而且还能起到缓冲头部震荡、保护颈椎的作用。

人在睡觉时通常有两个姿势，一个是平卧，另一个是侧卧。请你记住一个原则，无论是平卧还是侧卧，都要尽可能地维持颈椎的平直。那么，问题来了，为什么大家总是找不到合适的枕头？因为适合平卧的枕头不适合侧卧，适合侧卧的枕头不适合平卧。在侧卧时，枕头要高一点。枕头如果过低，就会和肩膀形成高度差，头就会落下来，头和脖子之间会形成一个夹角。这个夹角会影响身体局部的血液循环。特别是当人熟睡之后，身体对于疼痛的感知力会下降，因此长时间保持这个姿势，会造成肌肉损伤。

平卧的时候，枕头要低一点。因为过高的枕头会使颈椎前屈，也就是颈椎的生理曲度变小，这会破坏颈椎的自然生理形态和平衡，就好像整晚你都低着头一样，久而久之，不仅肌肉韧带会劳损，内部的脊髓也会受压迫，造成神经损伤。这对于有颈椎病的人来说就是雪上加霜，颈椎病患者会逐渐出现背部肌肉紧张，甚至头晕、耳鸣等症状。因此我建议，平卧时枕头不可以过高，最适合的高度大概是一拳左右。另外还要强调一点，虽然我们称它为枕头，但除了枕"头"，我们还需要枕"颈"，枕头一定要把脖子支撑起来，这样才能够放松颈椎的肌肉。

侧卧的时候，建议枕头高一点，高度最好可以和你肩膀的宽度相匹配。

过高　　　　　　　正确

图 4-5　枕头的高度选择

三、如何挑选一个适合自己的枕头

平卧低一点，侧卧高一点，这就是对枕头的要求。但生活中我们一般不会来回更换两个枕头。那么，在具体选择枕头的时候，我们该如何取舍呢？

答案就是，一定要选中间低、两边高的枕头。因为中间低、两边高的枕头从侧面看就像一个马鞍，平卧时凸出的枕头正好可以填补前屈颈椎下的空隙，减少肌肉的牵拉。不至于因为枕头太高而阻碍呼吸，进而打鼾；也不会由于枕头太低，让胃高于食管，出现胃酸反流的症状。而且侧卧时，枕头较高的边缘也可以恰到好处地在我们躺下后填补头和肩膀之间的空隙，让头和颈处于一条直线上，减少肌肉的劳损。也就是说，我们要选平躺的时候低，侧卧的时候高的枕头。每个人的头颈形态都不尽相同，所以这个高度因人而异。

但是，一般最舒适的高度是 8 厘米左右。

如果你买不到合适枕头，也可以自己做一个合适的枕头。首先你可以选择一个低的枕头，然后仔细回想一下，你侧卧时头会枕在哪里，找到这个位置，在枕头下面用毛巾适当地垫高。这样就可以做出一个适合自己的枕头。我的很多病人都是用这个方法治好落枕的。

此外，还应该谨慎选择枕头的硬度。根据质地不同，枕头可以分为硬枕、软枕和自由塑形枕。我们最好选择一个软硬适中，可以自由塑形的枕头。因为过硬的枕头会增大头部压力，使头部肌肉长期处于紧张状态，容易因为颈部的过度牵拉造成背部肌肉紧张，而过软的枕头则无法支撑起脑袋，保持颈椎曲度。

现在市面上有多种材质的枕头，常见的包括荞麦皮、乳胶、记忆棉等，每种材质的枕头对应的功能与针对人群都有很大的不同。

根据有关人员的研究，荞麦皮枕头具有材质软硬适中、支撑力强的特点，可以给颈部与头部很好的支撑。此外，荞麦皮还可以降低头部温度，让人们舒服地入睡。同时，荞麦皮枕头材料安全环保，比较适合过敏体质的人使用。

另外，乳胶枕头弹性较强，也是一个不错的选择。慢回弹记忆棉枕头的特点是可以记忆变形，能够完美地贴合颈部曲线，但想要达到这样的效果往往需要偏软的材质，这样就不适合侧卧的睡姿。此外，还有一些特意在睡觉时让颈椎保持后仰状态，从而起到锻炼作用的枕头，长时间使用这种枕头容易产生疲劳。

每个人都有独特的颈椎的生理曲度，因此并不能统一推荐枕头的材质。最重要的是要选择最适合自己的，能让颈部得到放松的枕头。

四、如何挑选一个适合自己的床垫

　　经常听到"睡觉要睡硬板床"，床垫是不是真的越硬越好呢？其实，和颈椎一样，我们的腰椎也有一个前凸的生理曲度。腰椎的形态对维持正常的活动同样至关重要。在硬床垫上仰卧时，不仅会使臀部支撑点的血管和神经受到压迫，还会使腰部悬空，导致腰椎得不到有效的支撑。只有软硬度适当的床垫才能维持人体正常的脊柱形态，使仰卧时的脊柱形态最接近站立时的脊柱形态。同时，软硬适中的床垫压力分布也较为均匀。

　　说到这里，关于什么样的睡姿更好也有科学道理可循。据研究，人们发现卧姿是影响人体卧床时身体各部位压力分布变化的重要因素。侧卧容易导致椎间盘压力增大，而仰卧时脊椎的平均压力、最大压力和压力指数都小于侧卧时的，因此仰卧更有利于人体与床垫充分接触和分散压力。此外，仰卧还可以避免出现因侧卧时面部挤压而加深法令纹等情况。所以一般相对于侧卧，我更提倡仰卧。床垫最好还是适当偏软一点，这样就可以在我们不可避免地侧卧时，让肩膀陷下去一些，在一定程度上填充头部、颈部和肩膀的死角，避免落枕和引发颈椎病。

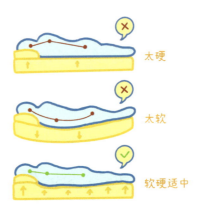

太硬

太软

软硬适中

图4-6　床垫的选择

另外，床垫的材料也会影响床垫的整体性能。有很多学者对海绵、弹簧和乳胶等床垫材料和身体压力的分布的关系做了研究。研究表明，乳胶材料具有良好的回弹性，使床垫能够适应不同体型的人，并可以显著降低人体躯干和臀部的峰值接触压力。与泡沫棉床垫相比，波浪棉床垫与人体腰部接触面积更大，贴合度更好。也就是说，选用高回弹性、贴合度更好的床垫材料，可以更有效地分散身体压力，减少脊椎劳损，并促进身体血液循环，减少产生压疮的可能性。

如果你经常出现落枕或颈部疼痛等情况，就检查一下你的枕头和床垫吧。愿你每晚裹紧被子都如同躺进云朵里一样舒适，如同依偎在怀抱中一样温暖。

第四节
数呼吸入睡法：别只会数羊

说起失眠的时候怎样才能入睡，众所周知的方法就是数羊。"数羊"的方法起源于西方文化，最传统的操作是让失眠者在脑海中想象一只只绵羊从矮栅栏上跳过，每跳一只就数一次，如此延续下去，"一只羊，两只羊，三只羊……"通过重复这种单一、有节奏的信息，让人在不知不觉中入睡。

一、数羊真的有用吗

我曾经遇到过一个病人，他患有比较严重的失眠症，平时就用数羊的方式来帮助自己入睡。但他除了患有睡眠障碍，还伴有强迫症。大多数人在数羊的时候都不会对数字的准确性要求那么严格。但是他不一样，他每次数羊的时候，一定不能数错。一旦数错，必须重新来过，所以他非常痛苦。他一旦开始数羊，就不能停下来，就这样一直数到天亮。

图 4-7 数羊有用吗?

　　其实数羊的科学原理很简单，就是利用外界声波来改变内在脑电波的模式：在同一种声音和场景或者某种单一的语言暗示下，我们大脑中的 α 波就会开始活跃。α 波是大脑开始放松但仍保留意识时的脑电波。在这种脑电波的影响下，我们慢慢进入放松状态，从而达到入睡的目的。但事实证明，这个方法很难有效果，甚至有时会适得其反，多数人会越数越精神。

　　对此，有一种很有趣的解释是"数羊"这个办法是从国外传入的，因为羊的单词"sheep"与睡觉"sleep"很接近，有暗示作用，而且"sheep"的发音也能够使人呼吸时的气息变得平缓。所以很多国人表示这个方法到了中国应该"入乡随俗"，变成数水饺，因为"水饺"和"睡觉"发音相似。但是，当你"一个水饺，两个水饺，三个水饺……"数下去时，除了越来越饿，对睡眠也没多大的帮助。

还有一个很重要的原因就是失眠者往往会越数越焦虑。随着数字的增大，他们越发害怕自己睡不着，担心影响明天的工作和学习，于是心理负担更加沉重，陷入越担心越睡不着，越睡不着越担心的死循环。

事实上，这种过度思虑和连续数数，都让我们的大脑处于工作状态，无法得到休息，尤其是潜意识里对于数字的"计算"和"分析"，会让脑内的促睡眠激素分泌不足，无法产生睡意，人反而越来越精神。

二、正念呼吸疗法：数呼吸入睡

数羊没用，那数什么可以促进睡眠呢？我的答案是：数呼吸！虽然也是在数数，但这种方法是将注意力集中在感知呼吸上，并不需要调动思维，这样就不会使大脑越来越活跃，失眠很多时候都是思维太活跃导致的。所以当我们专注于呼吸时，就很难再分神去思考那些让我们失眠的事情。通过练习，我们的专注力会越来越高，入睡也就变得越来越容易。医学界称这种方法为"正念呼吸疗法"。

正念呼吸疗法是让人专注于呼吸，减少杂念，使内心感觉放松、清净，从而促进睡眠的方法。其实，呼吸不仅对生命至关重要，对睡眠也十分重要。掌握了正确的呼吸方法，也就掌握了高效睡眠的秘密。

三、"4-7-8"呼吸法

美国哈佛大学医学博士安德鲁·韦尔（Andrew Weil）曾经提出用"4-7-8"呼吸法快速入睡。简化版的过程就是先闭上双眼，感受自己，用鼻子吸气 4 秒，然后屏住气 7 秒，再用嘴呼气 8 秒，如此循环 4 ~ 5 次，就可以起到放松的作用，帮助我们入睡了。

其实这个方法的原理就是通过深长的呼吸来激活副交感神经系统。我们体内有两套神经系统，其中让人兴奋、紧张的被称为"交感神经系统"；让人放松、平静的被称为"副交感神经系统"。频率快的呼吸，可以激活交感神经，让人兴奋；频率慢的呼吸，可以激活副交感神经，让人放松，从而容易进入睡眠。这两方总是处于相互压制的状态，总有一方会占到优势。交感神经主吸气，副交感神经主呼气，通过将吸气和呼气比例调整到 1 : 2，就可以使副交感神经占领优势，从而降低血压、心率，增加血清素的分泌，使我们感到平静和放松，帮助我们入睡。

我个人认为，"4-7-8"呼吸法有一定作用。一是因为它使我们的植物神经得到了调节；二是因为这套呼吸法可以把失眠者的注意力从"我好想睡着""我到底什么时候才能睡着"的焦虑情绪中转移到只关注呼吸的节奏上，把想要快速入睡的期望转变为"我只要好好调整呼吸就可以了"，这就起到了排除杂念、放松情绪的作用。

但是，"4-7-8"呼吸法需要练习数周才能适应。有心脏疾病或呼吸道疾病的患者也不宜憋气过久，最好在专业人士的指导下练习。在应用"4-7-8"呼吸法时，初学者往往会弄错重点，将注意力放在数秒数上，这样会适得其反。我们并不是为了数数而数数，而是为了将注意力集中到我们的呼吸上才数数，所以我们应该去清晰地察觉吸气和呼气。这也是很多人觉得"4-7-8"呼吸法没作用或作用不大的原因。因此，为了避免初学者混淆重点，大家只需要做到我接下来讲的这三点，就可以掌握入门级的呼吸法。

第一，专注呼吸。很多人一到晚上躺在床上，脑袋里就开始"放电影"，"重播"这一天的细枝末节，盘算自己还没完成的工作，回想起某个同事说的一句让自己不舒服的话，揣测领导的一个眼神，越想越睡不着。这个时候，我们就需要将注意力集中在呼吸上，减少杂念。数呼吸可以提高我们对呼吸的专注度。一呼一吸为一次，从 1 数到 10，再回到 1 重新开始数。如果数错了或者走神了，也从 1 重新开始。

第二，注意呼吸频率。呼吸频率和神经兴奋性密切相关，主动降低呼吸的频率能够让我们的大脑和身体进入松弛状态，对神经系统也有一定的调节作用。我们可以尝试再吸气末和呼气末屏住呼吸三五秒，自然就能降低呼吸频率了。

第三，深呼吸。我们可以在睡前试着进行五次深呼吸，慢慢地、用力地吸气，然后彻底地呼气，如此反复五次，可以让白天因为工作和学习而紧绷的神经松弛下来，心情舒畅，更容易入睡。

第五节
正念疗法：很少人知道的睡眠改善法

正念疗法在西方已经有超过 40 年的历史，而且，迄今为止都是精神科常用的一种治疗手段。其实，它不仅是一种治疗方法，还是一种生活态度。通过正念练习，可以帮助我们在生活中应用正念疗法，做到平和与专注。

一、我与正念睡眠

2019 年我接受邀请参加《奔跑吧》节目的录制。这期节目的主题就是关于睡眠不足带给人的危害的。我和另外几位专家作为医生观察团，来观察几位明星熬夜后身体上的各种变化，然后进行分析。

那次拍摄从下午 4 点一直持续到凌晨 4 点，大家在整个录制过程中都非常辛苦。到了午夜 12 点以后，我们几个人都非常疲惫，状态也不是很好。但是，我发现其中有一位医生一直都保持着特别好的状态。我很好奇，就观察他。我发现，他是一段时间一段时间插话讲解的。不说话的时候，他就坐在那里闭目养神。但是，他闭目养神的方式非常特别，有点儿像道家的打坐，双手合拢，放在腹部。每次打坐十几分钟后，他就睁开眼睛，又精神焕发地进入节目录制。

我发现这个情况非常有意思，所以在节目录制后的第二天，我就问他："你觉得录节目累不累？"他说："还好啊，不是很累。"我说："为什么呢？连续工作十几个小时，你居然不累？"他突然微微一笑，说："我有一个秘诀，叫作'正念睡眠'。"

二、正念疗法与正念睡眠

现代正念疗法的创始人是美国麻州大学医学院的乔·卡巴金（Jon Kabat-Zinn）博士。他认为，正念是一种通过有意、非评判性地专注当下而产生的觉知。1979年，他在麻省大学医学院设立减压诊所，帮助了许多身心遭受压力折磨的患者，同时，他也对这一疗法进行了大量的临床与科研实验。在他的不懈努力与推广下，正念疗法逐渐成为世界主流的一种改善身心状态的方法。在数年之前，苹果、谷歌与脸书等公司就已经将正念列入员工的培训课程，帮助员工减少焦虑与抑郁情绪，改善睡眠，提高工作效率。

我们都知道，睡眠对人类来说是必需品。当我们都还很小的时候，比如婴儿时期，睡眠是一个自然而然的过程，是无须努力就可以做到的。正念睡眠能带领你不带批判地感受当下，专注于身体的感觉，自然地进入睡眠状态。

白天工作、生活带来的种种压力，影响着我们的自主神经系统，使其一直处在以交感神经为主导的应激状态，而自主神经系统中的另一部分——负责放松的副交感神经一直处于被抑制的状态。到了夜晚，本来该是副交感神经接替交感神经，让我们进入松弛的休息阶段，交感神经却始终保持着高度活跃。此时，我们便开始失眠，难以入睡。自主神经功能紊乱是失眠的重要原因。长期的自主神经功能紊乱还会带来各种各样的慢性疾病，比如心律失常、原发性高血压等。

而正念训练能够调节自主神经活动，使其恢复稳定状态，让我们能更加专注于当下的睡眠，减少交感神经被过度激活导致的兴奋、焦虑、紧张，从而让我们更快、更好地进入睡眠，并拥有一个更安稳、踏实的睡眠。除了对自主神经进行调节，正念训练也会对大脑的高级皮质功能产生影响。研究表明，长期的正念训练可以使前扣带回皮质被激活、皮质增厚，使杏仁核对情绪刺激的反应减弱，以及让大脑中线区域结构发生改变。这些大脑结构的改变可以提高我们的注意力调节能力，减少不愉快的刺激导致的生理反应，提高情绪调节能力，并增强我们的自我接受度。所以，长期的正念训练能带给我们焕然一新的身心状态，帮助我们更好地应对压力的挑战。

三、正念睡眠训练

首先，在失眠时，要感受我们当下的状态，并过渡到休息与放松的模式。白天，我们在工作和忙碌中度过。夜晚，即使我们已经躺在床上准备入睡，也还深陷于工作模式难以自拔。在这种状态下，我们很难入睡：身体已经非常疲惫，而大脑依旧清醒。此时我们要觉察到自己还停留在工作模式，提醒自己的身体要从工作模式向休息模式转变，并且及时借助正念寻找解决办法。放下手机，闭上双眼，告诉自己，要专注于休息，但是不要太执着于自己什么时候能睡着，能睡多久这样的问题。

其次，接受失眠的状态，允许自己感到焦虑。我们都有过同样的感觉——越强迫自己睡着，越睡不着。当我们担心失眠会影响早起或者明天一系列的安排时，我们是在给自己增加额外的紧张和焦虑。如果你挣扎着想要摆脱这些想法而入睡，往往很难做到。我们没法在瞬间消除头脑里的所有念头，所以，请接受失眠的状态，停止抗争。但此时感到非常焦虑怎么办？同样，不要想着去消除焦虑的情绪，顺其自然。此时我们可以尝试调节与感受自己的呼吸，让吸入的气息慢慢流入身体，探索感觉紧张的地方，再轻轻地将它们呼出。

再次，仔细地感受你的呼吸。许多正念训练都非常强调呼吸。对于绝大部分人来说，呼吸，尤其是呼气，通常与放松和平静的感觉相关联。从生理学角度讲，呼吸能够激活副交感神经系统，而副交感神经系统能够让人平静。也就是说，呼吸能够激活身体自身具有的使自己平静下来的能力。

觉知呼吸，是将注意力从工作或其他杂事上转向自己的身体感受的重要方法。自然地平躺在床上，找一个你觉得最舒服的姿势躺好，然后专注地体会自己的感受：感受自己的呼吸，感受身体在床上时的姿势，感受肌肉的放松，感受皮肤与床单接触的感觉。与自己的身体进行充分的连接，能帮助我们及时从工作模式中脱离出来，进入正念状态。如果我们感到焦虑，就将注意力放在身体上，让身体感觉引导着我们，仔细地体会焦虑是如何影响我们的身体的、哪里的肌肉还保持着紧张，尝试着放松它，让它平息下来。

最后，要对自己保持耐心。如果你之前并没有尝试过正念，那在刚开始时需要探索最适合自己的方式和节奏。正念睡眠能让你在最自然的状态下进入睡眠。长期坚持正念练习，你的身心状态都会有所改善。如果你总是失眠，说明你的一些习惯已经养成很久了，所以改变它们也需要花些时间。继续进行正念练习，让变化与改善自然而然地到来。

第五章

改变心态减压法

我们都知道，压力是无法避免的。如何面对压力，学会与压力相处，是我们每个人都需要面对的问题。

针对睡眠问题，我们已经学习了一系列的睡眠减压方法。这些方法可以帮助我们获得良好的睡眠，使我们不再饱受失眠的痛苦。睡好了，精神状态好了，更有助于我们克服压力。

无论做什么事，面对什么困难，人的心态都是第一位的。这一章我们便从调整和改变心态入手，学习一些减轻压力的方法。

第一节
积极地面对压力：不如直面风暴

在这一节中，我们首先介绍面对压力最理想的状态——直面压力，通过学习"深呼吸调节法"与"解读压力法"，让你以最平和、自信的心态直面风暴。

一、心态决定成败

面对压力的时候，不同的人会有不同的心态，不同的心态会带来截然不同的结果。十几年前，有一次我独自做一台脑出血的手术。那位患者的大脑中有一个动脉瘤。在手术过程中，动脉瘤突然破裂，整个手术的视野一下子都被血填满了。这是所有外科医生最紧张的时候，因为如果止不住血，患者就会有生命危险。当时的我经验尚缺，手忙脚乱，不知该如何下手，而且越慌越止不住血。那时我感觉心脏就要跳出来了。这个时候，我赶紧向主任求助，请他来帮助我完成手术。他站在手术台前，看到眼前的一幕，不慌不忙，首先用吸引器找到出血点，然后用棉片压住出血点，只用了一个止血夹，轻松地就把血止住了。

这个经历我至今记忆犹新，因为这几个简单的动作其实我也会，但是为什么当时我就做不到呢？事后，我就这个问题请教了主任，他是这么回答的："想成为一名好的外科医生要经历两个阶段。第一个阶段练的是技巧，而第二个阶段更为重要，练的是心态！手术动作要领就是那么几招，无非是缝合、打结、止血。但是，为什么不同医生之间的手术差别如此之大呢？主要就是因为心态不同。也就是说，当你面对手术台上的突发情况时，心态决定了手术能否成功。"

随着我工作年限的增加，我越来越觉得主任的这些教导非常正确。其实，不单单是手术，生活中的方方面面都会给我们带来压力。面对压力时的不同心态，很大程度上影响着事情的结果。那么，面对压力时，什么样的心态是最理想的呢？那就是勇敢地直面压力。

二、深呼吸调节法：随时随地高效减压

在我们面对压力时，身体会最先出现应激反应，应激反应之一就是情绪的波动。显然，在情绪波动的情况下我们无法准确地解读压力，因为准确解读压力有一个前提——冷静。有一个方法可以在此时派上用场，那就是深呼吸调节法。

深呼吸的时候，即使身体感受到很大压力，我们仍可以"欺骗"我们的大脑，告诉它我们正处于一个安全的环境中，我们很冷静。这个过程可以按照以下节奏进行。

首先，用你的鼻子吸气两下，1、2，让你的胃部填满空气；保持吸气，数两下，1、2，让你的胸腔填满空气；接下来，用鼻子呼气，数两下，1、2，感受空气离开你的胸腔；保持呼气，数两下，1、2，感受空气慢慢离开你的胃部。就这样，集中注意力，一次深呼吸就完成了。

多做几次，现在你是否觉得身体放松了许多，心境也开阔了许多呢？当你感受到有压力时，就按照这样简单的节奏反复地深呼吸。你可以数 2 下、4 下、6 下、8 下，甚至 10 下，这完全取决于你呼吸的频率。越平缓地呼吸，你越会觉得平心静气。

不用怀疑，这样一个简单的深呼吸动作真的可以有效减压。蓝斑核是我们大脑中的一个神经核团，它的功能与压力应激反应有关。

当我们感受到压力时，它会合成分泌去甲肾上腺素（NA），随着去甲肾上腺素水平的升高，大脑注意力网络的同步性会受到影响，我们的专注力就会下降，变得烦躁不安。然而，深呼吸可以使蓝斑核减少合成去甲肾上腺素，对整个系统反应进行一次刹车，使我们重新恢复专注力，稳定情绪，抵抗焦虑。

深呼吸最棒的地方在于操作简单，随时随地想做就做。这是我们能为自己提供的最精准、最便利、最便宜、最安全的"药物"。每个人都可以掌控自己的呼吸，这就意味着每个人都能掌控自己的情绪。情绪都在我们自己的掌控之中，那还有什么能够让我们感觉恐惧呢？

图 5-1　深呼吸调节法

三、解读压力法：改变个体对压力源的认知方式

通过深呼吸平复了情绪之后，我们就要来解决压力本身的问题了，此时应该做的是直面压力，而不是逃避。

美国著名心理学家理查德·拉扎勒斯说："对压力事件的解读比事件本身更关键。"之所以这样说，是因为对给我们造成压力的事件进行深度的解读剖析有助于我们看清事情的来龙去脉，了解自我，也就是老话常说的"治病治根"。

这样解释可能有点儿抽象，那么我们就以一个实验为例，来帮助我们掌握解读压力的方法。

拉扎勒斯曾做过一个经典实验：他组织人们观看了一个包含许多工作事故的锯木工人工作安全宣传片。在此之前，他先给一部分观众"打预防针"，进行了预先疏导，而另一部分观众则直接观看。在宣传片里，出现的安全事故包括被锯子锯断手指，因操作圆锯不当而使木片飞出造成同事死亡……画面直白，毫无遮挡，十分恐怖。面对这些惨烈的画面，恐惧情绪应该会使每个人或多或少都感受到压力。但实验结果并非完全如此：经过预先疏导的观众在观看宣传片时冷静而理性；未经预先疏导的观众则产生了心跳加快的感觉。也就是说，经过预先疏导的观众会认为这些产生压力的情况是正常的。他们能够从近乎医学的角度来看待这些意外事故，而不会像一般人一样感到害怕。

在得到实验结果后，拉扎勒斯总结说："产生问题的是主观压力，而非客观压力。"也就是说，事件是否会对人造成压力，就看

人们如何解读它了。

而实验中"先对一部分观众'打预防针',进行预先疏导"这一策略就是在"改变个体对压力源的认知方式",即以认知调节为中心,通过转移关注焦点,对压力源重新做出认知评价后,再选择应对策略。

外科医生和普通人群在面对手术场面时产生的不同反应,就是源于不同的认知。普通人群对手术场面的认知是可怕的,而外科医生只将病人视为工作对象。不同的认知导致不同的解读,不同的解读产生不同的反应。

根据拉扎勒斯提出的认知评价理论,对压力源进行认知评价可以分为三个阶段:初级评价、次级评价和重新评价。

初级评价是指确定压力源与自己是否有利害关系及其程度。这种评价将会出现三种结果,分别是与个人无关的、有益的、有压力的。若评价的结果是与个人无关的或有益的,那么自然就无压力存在,情绪也更加积极。相反,若评价的结果是有压力的,那么,我们就将进入第二个阶段:次级评价。

次级评价是指对个人应对方式、应对能力及应对资源的评价,也就是评估自己能否控制压力事件。

重新评价是最后一个阶段,指在采取一些调适压力的方法后,观察自己对压力事件的反应如何,由此来评价调适压力的行为是否有效和适宜。作为一种反馈,如果重新评价的结果表明调适压力的行为无效或不适宜,则证明调适措施对我们所面临的压力事件没什么作用，那我们就可以重新调整自己对压力源的次级评价甚至初级评价，并且相应地调整自己的情绪和行为反应。

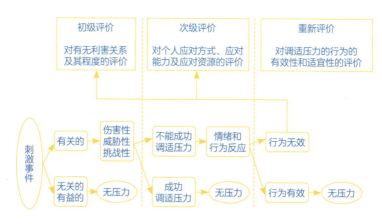

图5-2　拉扎勒斯认知评价三阶段

在这三个阶段中，到底如何调整认知方式才有助于我们直面压力，进而高效减压呢？拉扎勒斯给了我们答案："有效化解压力的关键在于我们对压力的积极评价。"

以实验中事先接受过疏导的观众为例。在第一阶段初级评价中，观众们在看到宣传片中的恐怖事件时，可以立即对其做出评价，也就是在当下自己做出一个判断。比如，"这个事件与我无关"。这样的评价和判断一产生，压力便荡然无存。即使有的观众共情能力比较强，在看宣传片时有很强的代入感，在初级评价中得出的结果是有压力的，也可以在次级评价中给出积极的评价结果。比如，"经过指导后，我可以从医学的角度客观地去看待这些事故"；或者"只要我有足够强的安全意识，并且掌握足够多的预防方法，我就完全可以规避事故"。这样，恐惧的情绪和压力感就能减少很多。通过这样的有效应对，评价的积极结果就可以更进一步地让观众们以客观的视角正视问题，并且缓解过多的压力。

说回到我们的日常生活，当面对一个从未接触过的工作任务时，我们也可以按照三个阶段对这个刺激事件进行评价解读。

首先是初级评价，"这个任务没干过，会很费劲，很痛苦，这件事对我来说是有压力的"和"这个任务很新鲜，很有意思，会让我有新的收获，做这件事对我会是一种提升"，这两种评价必然会产生截然不同的情绪反应。如果我们对此压力源做出后面这种解读，那么我相信在整个工作过程中，我们会更有勇气直面遇到的一切难题。

接下来进行次级评价，"我以前从来没干过，我干不了"和"不了解的部分我可以向别人请教学习，相信我可以胜任这个工作"，很明显，前者的评价会让你消极怠工，但工作依然得完成，你只会感觉压力越来越大。在一段时间后进行重新评价时，得到的结果大概率也是无效的、不适宜的。而后者能让你产生动力，变得兴奋，也能提高你的大脑的活跃度，有助于你更加顺利地处理工作难题，在重新评价时收获有效、适宜的结果，压力自然也小多了。

因此，当你再感受到压力时，不妨试试先冷静下来，对此次压力事件进行一番解读分析，调整对压力源的认知方式，对压力源进行积极的认知评价，"对症下药"，或许很快就会收获"药到病除"

的快乐。

　　压力无法避免，但压力给我们带来的坏情绪和消极影响是可以尽力避免的。我们终生都无法摆脱压力，但可以选择面对压力的方式。直面压力或许是痛苦的，但这个过程中的痛苦，要远低于逃避压力之后带来的一连串负面反应所造成的痛苦。深呼吸调节法和解读压力法能够赋予你十足的勇气直面压力和困难，勇敢地喊出那句："让暴风雨来得更猛烈些吧！"

第二节
换个视角看压力：转变心态，化敌为友

长久以来，压力被视为公众健康的敌人。但压力其实也可以是我们的朋友。当然，前提是我们要以积极的心态去面对压力。

以积极的心态面对压力，便是对压力事件的到来持欢迎的乐观态度，发现压力事件的积极意义，把压力视为机会，化为动力，主动地拥抱压力。

以消极的心态面对压力，则是对压力事件的到来持抗拒的悲观态度，看到的都是压力事件的负面影响，认为压力就是伤害，只能被动地接受或者逃避。

一、压力是敌还是友：取决于心态

哈佛大学曾做过一个叫"社会压力测试"的研究。首先是压力演讲的环节，参与者进入一个实验室，在事先毫无准备的情况下，被告知需要在评委面前做一个 5 分钟的关于自己性格弱点的演讲。演讲时，明亮的灯光打在参与者脸上，摄像机聚焦全身，任何一个

小动作和微表情都能被镜头捕捉到。而这还不够，因为评委们事先经过训练，所以无一例外都会在演讲时给予消极的非言语上的反馈，比如鄙夷的目光、不耐烦的神情等。演讲结束时，参与者已经足够失落，但测试还没有结束，参与者需要马上进入第二部分测试——数学测验。他们被要求快速地倒数数字，比如从1 000依次倒数至7，失误则重新开始。更令人措手不及的是，研究人员在这个过程中会不断地发出干扰："快点，太慢了，数错了，重新开始……"

我想，每一个参与这个测试的人，或多或少都会感受到一些压力，也许会心跳加速，也许会呼吸急促。一般我们会把这种身体状况解释为紧张焦虑，视作参与者不能很好地应对压力事件的信号。

但是，其中一部分参与者因为提前被告知测试情况，所以心跳加速和呼吸急促成了他们身体充满活力，并且已经准备好应对压力事件的信号：心跳加速是在为接下来的行动做准备，呼吸变得急促将使大脑获得更多的氧气。

结果，没有被提前告知的参与者在整个过程中都承受着压力，状况频出，而那些被告知并且接受了这一设定的参与者，他们所感受到的压力则大大减少。更令人惊喜的是，他们的心率加快，但他们的血管仍然保持松弛。这样的心脏跳动其实是一种更健康的心血管系统活动方式，就如同开心和受到鼓舞时的跳动方式那样，不同于慢性压力引起心血管疾病时心率加快，同时血管紧缩的症状。

也就是说，如若我们以积极的心态面对压力，我们不仅能更妥善地处理压力，也意味着我们相信自己能够面对生命中的一切挑战。

在美国还有这样一个研究，研究人员用了 8 年时间追踪 3 万名成人，他们会向这些参与者提问："去年你感受到了多大压力？你相信压力有碍健康吗？"之后研究人员会在公开的死亡统计中找出参与此项研究的人。

研究结果表明，去年感觉压力特别大，并且相信压力有碍健康的人，死亡的风险增加了 43%。而那些承受巨大压力，但是不相信压力有碍健康的人，死亡的风险不仅没有升高，在所有参与者中反而是最低的。

同时，研究人员在这 8 年里还追踪了 18.2 万例死亡案例。其中有 2 万人过早离世，究其原因并不是压力本身，而是"相信压力有害"的这个想法。

当你觉得压力有碍健康时，便会产生悲观情绪，对压力感到害怕，认为压力事件超出了自己的掌控范围，情绪就越发难以排解。久而久之，心理变化潜移默化地影响着你，逐渐在生理上得以体现，"压力有碍健康"便从一个内心想法成为事实。反之，若你不相信压力有碍健康，即便此时正面临极大的压力，你也能更加积极、自信地看待它，觉得压力事件对你的成长是有帮助的，处理起来也会更加得心应手，自然不会对健康产生影响，甚至还会产生有益的生理反应。只有在你觉得压力会威胁健康的时候，它才会对你的健康产生不利影响。

二、减压必修课：心态的转变

现在我们已经知道，以消极的心态面对压力，身体健康无疑会被压力影响；以积极的心态面对压力，反而是对身体有益的。

可是，现实中大多数人最初面对压力时可能都是抱着一种消极的心态，害怕、低沉、痛苦、逃避……为什么到最后有的人能到达成功的彼岸，有的人却只能停留在原地，一生碌碌无为呢？这把打开彼岸大门的钥匙就是心态的转变，就是在不断地思考、实践、锻炼中发展出积极的心态。

相信大家对于口吃并不陌生，我们的身边或许就存在患有口吃的朋友，对此大概也见怪不怪了。但是，如果一位国王患有口吃呢？历史上就有这样一位口吃的国王，他生性内向、饱受口吃折磨，却迎娶了一位美丽优雅、颇受世人敬仰的王后。他数次化解王室危机，还在"二战"期间发表公开演说唤醒民众，鼓舞士气。这位国王，就是乔治六世。他的妻子就是深受大众喜爱的伊丽莎白·鲍斯-莱昂。

乔治六世因为生理和性格缺陷，再加上有一位聪明绝顶的兄长——爱德华八世，所以他从未想过自己有一天会继承王位。但谁知兄长竟为了爱情弃王位而去。当乔治六世得知自己不得不继承王位时，他感到极度不快。但即便如此，为了维护君主立宪制，他最终还是站在了令其恐怖万分的麦克风前用磕磕巴巴的语言发表了继位演说。

可是在君主立宪制下，作为国王的乔治六世身处十分尴尬的境地。他不禁思索，当战争来袭时自己能做什么？能组织政府吗？能带领军队吗？这些他都没有权力去做。他发觉，自己只能通过真情实感地发表演讲，去鼓舞人心。但这样一来，口吃这一缺陷便会被无限放大。起初乔治六世也想逃避，但他要想有所建树，就必须克服口吃的缺陷。

第一步是追根溯源，寻找口吃的原因。口吃形成的原因复杂，有生理因素，也有心理因素。乔治六世回忆过去，很可能是童年时备受家庭冷落及父亲的严厉管教所致。第二步是针对性治疗。在医生罗格和妻子伊丽莎白的支持与帮助下，乔治六世慢慢接纳了自己童年的不幸经历，接受自己口吃的事实，并通过勤奋执着的训练来克服口吃，不断地超越自己。

最终，在第二次世界大战期间，他勇敢地站在了麦克风前，不再如继位时那般恐惧。他坚定从容地发表了演讲："这个庄严的时刻，也许是我国历史上最生死攸关的时刻……"这段演讲极大地鼓舞了英国人的士气。在乔治六世逝世后，丘吉尔称赞他勇者无敌。

乔治六世的口吃虽然没有被完全治愈，但他在"二战"期间的演讲足以证明他打败了口吃。这个故事也告诉我们：压力不是被外力消除的，而是被内力消除的，这个内力便是心态的转变。

那么，转变心态，与压力做朋友，是如何体现在我们日常生活中的呢？

以运动为例，很多人都把运动当口号，"收藏等于练了，看了等于瘦了"，在运动的路上，总有无数只"拦路虎"，最大的那只当属"畏难心理"。终于好不容易动起来了，运动后身体的疲惫和酸痛、健身效果不显著，又让我们产生了怀疑、畏惧、放弃等消极心理。但真正把运动当乐趣，能克服困难坚持下来的人，就会体验到自信、愉悦和坚定等积极的感觉。运动之所以能减压，其实并非因为运动本身，而是因为运动过程中对消极心理的克服和转化。

如此，焦虑症、抑郁症患者如果能够转变心态，用接纳、理解、挑战的态度来面对那些不良情绪，症状便能有明显的缓解。我们在遇到困境时如果能够转变心态，以积极、主动的态度来迎接压力，压力问题便能迎刃而解，心性也将得到显著的成长。

压力的确会给人的身心带来巨大的伤害，但是具体伤害程度存在个体差异。只要我们以积极的心态去面对压力，压力也可以是我们的朋友，给我们带来无尽的益处。

第三节
乐观的解释风格：只有半杯水，或者还有半杯水

如果你看到桌上有半杯水，你会做何反应？有的人认为杯子是半满的，会说："还有半杯水。"有的人则认为杯子是半空的，会说："只有半杯水。"

如果你不小心被偷了钱包，你会作何反应？有的人认为这不是什么严重的事，一句"破财消灾"就释怀了；有的人则因此不断地懊恼、自责，甚至好几天都睡不着觉。

这就是我们常说的两类不同的人：乐观主义者和悲观主义者。

一、乐观的人更长寿

乐观是一种积极向上、令人愉悦的精神状态。我们几乎都认可具有乐观品质的人更可能获得成功。其实不仅如此，乐观对我们的身体健康也具有重要的促进意义。

美国哈佛大学陈曾熙公共卫生学院、波士顿大学医学院研究团队的一项研究证明，保持乐观有助于长寿。这项研究选取了两组流

行病学数据，一组涉及近 7 万名平均年龄为 70 岁的女性，随访时间从 2004 年到 2014 年，共 10 年；另一组研究了 1 429 名平均年龄为 62 岁的男性，随访时间从 1986 年到 2016 年，持续了 30 年。调查评估的结果显示：无论男女，乐观程度更高的人活到 85 岁及以上的可能性更大。另外，最乐观的那部分男性活到 85 岁以上的可能性增加了 70%，女性增加了 50%。

美国著名心理学教授希尔顿·科恩（Hilton Cohen）解释道："乐观是一种稳定的性格，有助于提高机体免疫力。"当人们用乐观的态度去面对事情时，身体会随之发生一连串的反应。比如，一氧化氮水平升高，神经递质得到了平衡，进而提高机体免疫力，使机体更能抵御各种疾病。还有许多研究团队研究乐观对人体健康的影响，也发现乐观有助于心脏健康、认知健康和睡眠健康等。

二、悲观的核心：习得性无助

这时大家可能想问，人生来就是乐观的，或者生来就是悲观的吗？

答案当然是否定的。积极心理学之父塞利格曼（Seligman）指出，人可以活出乐观的自己，即使你天生是一个悲观的人，也可以后天学习乐观的技巧。因为悲观的核心是无助感，而无助感是习得的。

关于这个理论，塞利格曼的"电击狗实验"解释了一切。

实验设置 3 组小狗，每组 8 只，它们被放在一个叫作"穿梭箱"

的装置里。穿梭箱的中间有个低矮的挡板，挡板一边是电击区，一边是安全区。第一阶段，三组小狗均被背带绑住：第一组小狗只需要用鼻子推箱子上的一块电板就可以停止电击，属于一组有控制力的小狗；第二组无论小狗做什么，电击都不会停止，是不具备控制力的小狗；第三组小狗作为对照组，不会受到电击。重复8次电击以后，第二组的8只小狗中，已经有6只在坐着等待电击。而接受相同电击，但有控制力的第一组的8只小狗中，没有一只产生放弃的念头。经历数次电击后，实验进入第二阶段。每只小狗先被放至电击区，但它们只要跨越矮挡板，跳到另一边，就能到达安全区停止被电击。这时第一组和第三组的小狗很快就明白怎么跨越挡板，但第二组的小狗则是躺下来呜咽啜泣，甘愿忍受着电击。即使它们可以跨越挡板，也没有尝试躲避。

图 5-3　电击狗实验

塞利格曼把第二组小狗的行为称为"习得性无助"。第二组小狗在接连不断地遭受压力事件后，感到自己对于一切都无能为力，认为做什么都没有用，陷入一种无助的心理状态，变得被动，不再做任何反抗。

人也一样，如果环境和过往的经验告诉我们，不管做什么都没用，我们的行为不能解决自己的问题，那么我们就会觉得，在未来我们的各种尝试行为都是无效的，唯一能做的只有放弃。习得性无助的经验，造成了悲观的思维方式。

三、乐观是可以习得的：正确运用"解释风格"

为了研究悲观的思维方式能否被人为干预，针对第二组习得性无助的小狗，塞利格曼再次进行实验。这一次他把这 8 只小狗放入穿梭箱，手动帮助它们越过障碍，直到它们可以自己做到。实验发现，一旦小狗们发现自己的行为对停止电击有效时，无助就被治愈了。这种治疗方法百分之百有效，且具有永久性。也就是说，让小狗认识到它的某个行为对处理压力事件有效时，那么它将终生对这个压力事件免疫。后来心理学家仿照塞利格曼的这个实验，对人也做了一次实验，不同的是用噪声取代了电击。实验结果惊人地一致，这表明悲观者消极的思维方式完全是可以被改变的。

在前面我们谈到喝水和被偷钱包这两个例子，面对同样的事件，不同的人却产生了不同的想法。这是因为在他们的思维中，存在对问题截然不同的解释模式，即"解释风格"不同。塞利格曼认为，个人对原因的习惯性看法，就是个人特有的"解释风格"。解释风格从儿时开始形成，如果未经干预，就会保持一辈子。解释风格是习得性无助的调节器，也是一种思维方式。乐观的解释风格，可以阻止习得性无助；而悲观的解释风格，则会加强习得性无助。

拥有乐观的解释风格的人会认为压力事件的发生不完全是自己的错，也可能是环境、运气等其他因素造成的，是暂时性的。相反，拥有悲观的解释风格的人会将压力事件的发生都归咎于自己，全面否定自己。

以被偷钱包为例，乐观者会把原因归咎于旁人或环境，偷钱包是小偷的错，或是周围环境太乱了，或是运气不好碰上了，被偷就被偷了，下次自己多注意。而悲观者则会认为是自己粗心大意，自己没用，以后也会继续出现丢三落四的情况。

这就很好地解释了为什么乐观的绝症病人更容易创造医学奇迹，也不难理解为何多愁善感的林黛玉会郁郁而终。

四、ABCDE 方法：改变解释风格

想要变得乐观，我们需要做的就是改变自己的解释风格。这时，我们就可以运用塞利格曼推荐的 ABCDE 方法：

A（adversity）代表压力事件。

B（beliefs）代表对压力事件所持的想法和解释。

C（consequences）代表结果，压力事件之后的感受和行为。

D（disputation）代表反驳，改变原有的想法和解释。

E（energization）代表激发，反驳后带来的结果。

具体来说，就是当我们遇到压力事件 A 时，找出消极想法 B，观察这些想法带来的后果 C，再对这些想法进行反驳 D，然后体会自己成功应对消极想法后所获得的启发 E。

例如，自己考试成绩不理想，是事件 A；认为自己太笨了，怎么学都没有进步，是想法 B；于是自暴自弃，丧失了对学习的热情与兴趣，是结果 C。此时，我们该怎么帮助自己改变悲观的态度呢？自然就是进行反驳，也就是 D，由此改变自己的解释风格。

那么，怎样进行反驳呢？有四种途径，大家可以了解一下。

第一种途径是举证，找出证据证明这些想法是不正确的。我们应该想："我能证明考试成绩不理想就是因为我笨吗？我明明之前也考过好成绩。"

第二种途径是找出其他可能性。想想看，是不是因为这段时间总是被好看的漫画书吸引？这段时间学习的内容难度是不是比较大？或者还有什么别的原因导致这次考试成绩不理想？

第三种途径是暗示。的确，世界上不是所有事情都会往好的方向发展，我们积极的态度也无法操控所有事情的发展方向。我们不得不承认，有时候出现的消极想法其实是对的。这时候就可以使用"非灾难法"对自己说："即使我的消极想法是符合实际情况的，又会产生多坏的影响呢？"然后暗示自己往一些好的方面想。在考试这个例子中，我们可以暗示自己："就算我确实不聪明，那又能说明什么？这也不代表我是个失败的人，我的足球可是全校踢得最好的。"

第四种途径是用处。有时候，想法造成的后果比这些想法是否真实更重要。认为自己笨，可能会导致我们从此真的丧失学习动力，成绩更加没有起色。这样一想，我们或许可以意识到消极的想法对于解决自己的问题、提升学习成绩是没有任何意义的。

通过这四种途径进行反驳后，我们可能会得到启发 E："我不是个笨小孩。只要我相信自己，好好努力，下次一定可以考出好成绩。"

就像这样，在每次遇到压力事件的时候，我们可以按照这个方法去调整自己的心态。只有反复练习，才能改变自己长期养成的悲观的解释风格，渐渐获得"习得性乐观"。

习得性无助可以被治愈，乐观的解释风格也可以习得。很多时候，生活不是"只有半杯水"，它其实是"还有半杯水"。

图 5-4 "半杯水"的不同

五、盲目乐观不可取

　　乐观虽然非常好，但悲观也并不是一无是处的。研究证明，悲观的人看待世界更准确。轻度的悲观者在做事前会三思，能够做出更加准确的判断。因此，在生活中，我们也需要偶尔悲观来为我们的决定把关，以防止自己盲目乐观。而什么时候该乐观，什么时候该悲观，我们只需要先问问自己，失败的代价是什么。如果代价沉重，那就需要一定的悲观心态来保证行动的准确性；如果代价尚可，请记得，一定要乐观对待。

第四节
积极的自我暗示：我不要你觉得，我要我觉得

　　自我暗示的方法想必很多人都在生活中有意或无意地使用过。比如，在面试前紧张地给自己打气："我一定可以的！"在听到他人不那么善意的言语时，心里碎碎念："他就是在胡说！"但可能我们从未重视过它在事件发展中扮演的角色，殊不知在很多"心想事成"的时刻，积极的自我暗示都发挥了巨大的作用。

　　在这一节，我们就来了解一下，作为一个能够让我们主动改变自己对事物看法的重要方法，积极的自我暗示是如何改变我们的心态，从而促进结局向好的方向发展的。

一、自我暗示的力量

　　不知道大家在生活中有没有过这样的经历——在某件事情上，你的直觉仿佛十分准确，心里想着什么，最终事情的发展就真的如你期待的那般。其实，这不是什么巧合，也不是什么超能力，是"自我暗示"的力量。

　　1984 年，在洛杉矶奥运会男子体操比赛中，有一位运动员第一

次代表国家参赛，却一点儿看不出缺少大赛经验的样子，反而看起来信心满满。每次出场前，他总会紧闭双眼，口中念念有词。作为一名体操新星，他赢了好几场比赛，顺利地拿到了决赛资格。决赛中，在当时的男子体操世界名将相继出现失误的情况下，他一路稳定发挥，一举夺得全能冠军，成为体操界名副其实的黑马！他就是日本运动员具志坚幸司。赛后媒体采访时记者问他："上场前你对自己说了什么？"具志坚幸司笑而不语。一时间，大家都在纷纷猜测具志坚幸司的"咒语"究竟是什么。其实，具志坚幸司默念的内容并不重要，重要的是，他的"默念"行为真的起到了积极的自我暗示作用。

不仅如此，积极的自我暗示对于疾病的恢复也有重要作用。在医学药物实验里，研究者们在设计实验分组时，除了设置研究药物组和空白对照组，往往还要设置使用安慰剂组。这个"安慰剂"就是一种"模拟药物"（如含乳糖或淀粉的片剂、生理盐水注射剂）。其物理特性如外观、大小、颜色、剂型、重量、味道和气味都要尽可能与实验药物相同，但不能含有实验药物的有效成分。设置使用安慰剂组的初衷就是患者本身对服用的安慰剂没有治疗作用并不知情，他们以为自己服用了真正的药物，这种自我暗示很有可能会对治愈疾病起到积极的促进作用，从而对药物研究实验结果产生影响。而且，它对于长期服用某种药物引起不良后果的患者还具有替代和安慰作用，在临床上也是一种治疗方法。最早发现安慰剂效果的是法国的一位药剂师古尔。为了打发走一位难缠的病人，古尔索性给他开了一些没有药效的糖衣药丸，并大肆鼓吹这些药丸的功效。不曾想，几天后这位病人竟登门致谢，说古尔开的药治好了自己的顽疾。从此医学界逐渐开始认识到自我暗示的治疗作用。

二、积极的自我暗示：意识影响结果

自我暗示的力量如此之强大，这该如何解释呢？

亚里士多德说过："一个清晰的想象促使身体服从它，这正是行为的自然原理。想象实际上控制着所有感知力，感知力又控制着心脏的跳动，而且通过它激活所有生命机能。"当我们认同我们的喜悦、悲伤、疾病、健康及所有情感的出发点都存在于自身的潜意识中时，就很容易得出一个结论：我们大脑中产生的每个意念都有逐步实现的趋势。自我暗示就是人的心理活动中思想的产生部分与潜意识的行动部分之间的沟通媒介，是一种启示、提醒和指令。它会告诉你应该注意什么、追求什么、致力于什么和怎样行动，因而它能影响甚至支配你的行为。归根结底，自我暗示就是利用我们的意识去影响潜意识，再通过潜意识的变化来引起行为的变化，最终引导事件发展的结果趋于我们自我暗示的内容。我们常常听到的"态度决定行为，行为决定习惯，习惯决定性格，性格决定命运"，即是如此。

所以，积极的自我暗示将促成积极的结果，负面的自我暗示则会导致负面的结果。

在我的从医生涯中，我遇到过不少癌症患者，每位患者的结局都不尽相同。有的患者身体痊愈后，开心回家，有的患者却被疾病夺去了生命。其实这不仅仅是由他们的病情或者医生的治疗水平决定的，还有一个重要的影响因素便是他们的心态。两位同时被诊断为癌症的患者，前期都尝试了各种治疗手段，试遍了各种可能奏效的药物，但病情都没有很明显的好转。其中一个患者每天会为自己"祈祷"三次："我一定会恢复健康的。等病好了，我就可以继续完成我的旅行计划，下一个地点我要去……"另一位患者则每天郁郁寡欢，似乎从被确诊为癌症的那一刻开始，就提前给自己判了"死刑"。他们二位最终的结局如何呢？想必大家多少都能猜到了。最后真的就如他们二位所预料的那样，前一位患者一年多后症状得到很显著的缓解，而后一位患者则不到半年就离世了。

三、积极的自我暗示三要点

既然积极的自我暗示具有如此重要的意义，那如何才能掌握正确的自我暗示方法呢？

心理学家们总结了三个关键点。

第一是重复。拿破仑有句名言："极为重要的修辞法只有一个，那就是重复。"当我们把一个想法重复成百上千遍时，就会产生精神疲劳。此时，潜意识便会占据上风，就会容易接受和顺从。

第二是清晰的指令。当我们进行自我暗示时，只需要想"我要"，而不需要去想"我不要"。当"我不要"混杂入"我要"时，大脑便不能清晰地识别出我们的真正渴望，最终的结果可能就不完全是我们想要的。

第三是选择积极的思想。我们的神经系统其实很"笨"，它分辨不出指令的对错，只会识别带有最强烈情绪的语言。所以想成功就要给予自己积极的暗示，并且一定不能带有否定词。比如，相比于"我放心……"，"我不会担心……"的自我暗示会让我们的潜意识觉得我们还是有点儿焦虑。

在此给大家提供几句面对压力时积极自我暗示的话语：

1. "当小孩真减压"：学会自我和解，认为自己弱小或是孩子，可以减少抑郁情绪。
2. "差不多就行"：追求完美的人要学会放过自己。
3. "只有我才能干吗"：责任心过强的人要学会拒绝。
4. "先做完了再说"：任务要先完成再完善。

四、面对他人的负面暗示：我不要你觉得，我要我觉得

到此，可能有的人会说，我们接受的暗示除了自我暗示，还会有来自他人的暗示。那么他人给我们的暗示，是不是也会影响事情的发展呢？

1986年，心理学家罗森塔尔（Rosenthal）和雅各布森（L.Jacobson）

为了探究这个问题，来到一所乡村小学进行试验。他们从一至六年级各选出 3 个班的学生参与试验，并告诉学生，这是一个"未来发展趋势测验"。测验结束后，他们将一份占总人数 20% 的"最有发展前途的学生"名单交给校长和老师，并叮嘱其务必保密。其实，测验是假的。两位心理学家根本没有看测验结果，"最有发展前途的学生"只是他们随机挑选的。令人不可思议的是，在学年末的测试中，在那份名单上的学生学习成绩都有了显著的进步，而且比其他学生的成绩高出很多，人也更加自信。

出现这个结果的原因就是"暗示的力量"。老师们绝对相信心理学家的预言，认为名单上的学生就是天才，所以在教育过程中通过情绪、态度、语言等各方面自然而然地向他们发出"你很优秀"的信号，而这些学生潜移默化地受到老师暗示的影响，不知不觉地也更加努力，更加自信，最终促成了飞速进步。

所以，自我暗示和他人的暗示都会影响我们。

但我想告诉你的是，他人的暗示本身没有影响你的力量，它们之所以能产生力量，完全是因为你将他人的暗示转化成了自己的想法。只有当你在心中认同了他人的暗示时，它们才可能有力量。也就是说，这些名单上的学生之所以真的成为"最有发展前途的学生"，最关键的一环其实是他们从内心认可了专家和老师给自己的暗示，并且在心里不断地进行自我暗示，强化这些积极的暗示。

所以，当周遭出现了一些不太好的暗示时，请记得不要放在心上。只要你不理会，不相信，这些恶言恶语便不会对你造成伤害。

无论他人向你暗示什么，最重要的都是你自己的想法，而你怎么想则完全在于自己。你完全有能力选择积极的暗示，保持乐观的心态。当你习惯于想快乐的事时，你的神经系统便会习以为常地令你保持一个快乐的身心状态。只有这样才能更有助于你收获成功的人生。

　　自我暗示的能力是生来就有的，它是我们每个人都拥有的隐形法宝。给自己积极的自我暗示，只要我们坚定不移地期待自己的想法终能实现，相信事情有很大可能能够朝着自己期望的方向发展。这并不是简单的阿 Q 精神，而是一种来自内心深处的力量，一种可以改变命运的力量。因此，当你收到一些不那么积极的外界暗示时，请大胆地回应暗示你的人："我不要你觉得，我要我觉得！"

第六章

经营好你的社会支持系统

第一节
健康的人际关系能为减压做什么

或许你有这样的体验——和朋友聊天，和家人倾诉，和同事一起说说工作上的烦心事，或者养一只宠物，都会让你感觉非常减压，这其实就体现了社会支持给我们带来的好处。

也许你对"社会支持"这个词有些陌生，没关系，这一节我们就来看一看社会支持到底是什么，良好的社会支持是怎么帮助我们减压的，以及我们如何做才能构建良好的社会支持。

一、何为社会支持?

我们每个人在这个社会上，都拥有很多种身份。你可能既是父母的儿女，又是学生的老师，同时还是某个项目的主要负责人。我们的每种身份都与社会存在着联系，是无法割裂开独立存在的。在这种联系中，我们既要支持他人，也需要他人的支持，这就是社会支持。社会支持代表着一个人解决问题的资源和能力。例如，在医院做一台手术，起码需要一名麻醉医生、一名巡回护士、一名器械护士、一名主刀医生和若干助手，所有人相互配合好了，手术才能顺利地完成。如果一个医院突然没了麻醉医生和护士，那主刀医生的这台手术也很难进行下去，这就是社会支持。

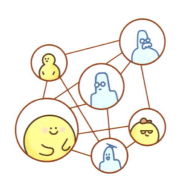

图 6-1　社会支持网络

社会支持使我们在遇到困难和挑战的时候，能够更加顺利地渡过难关。一个人拥有的社会支持网络越强大，就越能够轻松应对来自外界的挑战。孟子说过："天时不如地利，地利不如人和。"这里面所说的"人和"，其实在一定程度上就代表了社会支持。纵观历史就可以发现，成功的人往往都拥有良好的社会支持。

良好的社会支持不仅能加强我们应对挑战的能力，还可以从心理上帮助我们减压。

早在 1979 年，就有研究人员注意到这个问题，并且发现了社会支持和寿命、压力之间的联系。研究人员调查了美国加州阿拉米达县 30 ~ 69 岁的男性和女性。10 年后，他们发现，在同一性别、同一年龄段的情况下，社会支持好的人更加长寿。此后，社会支持开始获得重视，并且有更多的人对其进行了拓展研究。**1998** 年，研究人员发现，社会支持能够帮助人们树立克服困难的信心。也就是说，当遇到困难的时候，社会支持良好的人会承受更小的压力，更有信心战胜它。

二、社会支持与减压

面对同一件事，社会支持良好的人感受到的压力更小。那么，社会支持是如何帮人们减压的呢？

首先，社会支持可以帮你解决实际问题，从根本上帮你减轻压力。

比如，你的工作压力非常大，恨不得一分钟掰成两分钟使用，这个时候，社会支持好是什么表现呢？

第一种是有愿意帮忙的同事。你平时和同事们的关系都很不错，这时候有人愿意帮你分担一些工作。这样一来，你一个人需要花费一周时间完成的事情，在被同事分担一部分后，你们互相合作，在交流中取长补短，可能只需要一天就完成了。这样很快就解决了你的实际问题，并且在很大程度上帮你减轻了压力。

第二种是有一个"引领者"。工作中的前辈或者领导、科研工作里的导师、生活中家里的长辈，甚至一本工具书，都可以成为你的引领者，他们能够帮助你减压。

爱迪生在发明电灯泡的时候，试验了将近 1 600 种材料才成功。这 1 600 种材料的试验就是 1 600 次的试错。我们在做任何一件或大或小的事情时，每一步都是试错的过程。比如，这个科研方向对吗？这个设计思路对吗？这道菜放的调料合不合适？很多时候都要试过了，甚至试错了，我们才知道什么是正确的。试错是有成本的。在很多事情上，一个引领者能够减少你试错的次数。也就是我们常说的，可以让你少走弯路。这样就节省了你的时间和精力，让你能够更快速直接地树立明确的目标，也帮你减轻了很多压力。

其次，社会支持可以给你提供情感支撑，从心理上帮你减轻压力。

你可能有过这种感受：压力大、情绪糟的时候，和家人、朋友聊一聊天，虽然并没有解决实际问题，但是心情就放松了。那么，这种感受是真实的吗？聊天真的能减轻压力吗？

有一个实验很有意思，每个志愿者都会与一个朋友或一个陌生人配对，以配对对象为标准分为两个组，老友组和陌生人组。研究人员会给志愿者看一组七巧板图案，但志愿者的搭档无法看见。在实验过程中，志愿者被要求指导搭档复刻七巧板，且在整个过程中只能用语言交流。而七巧板的形状非常抽象，外观也难以描述。这就提升了志愿者与搭档交流的难度，人为地创造了压力环境。

那怎么测量志愿者的压力值呢？有关研究表明，当人经历压力事件时，人体的主要压力激素水平会升高。在 15 ~ 20 分钟后，唾液中会出现相应反应。如果我们发现某个人的唾液里的压力激素水平很高，说明他的压力比较大。在这个理论基础上，将志愿者的压力值量化后，研究人员最终发现，在两组志愿者中，与老友配对的志愿者的皮质醇水平始终低于与陌生人配对的志愿者，这说明我们在与朋友的交流中真的减压了。

所以，社会支持良好的人，在感到苦闷的时候，更容易找到人聊聊天，获得心理和情绪上的支持，从而减少压力。

三、如何构建良好的关系网？

既然良好的关系网对我们减压如此有效，那我们该如何寻找社会支持，构建关系网呢？除了多与家人、朋友沟通，主动结交新朋友这些方法，这里还有两个实用的方法推荐给你。

第一个方法，养一只宠物。社会支持并不只能从其他人处获得，还可以来自动物朋友们。早在石器时代，"动物疗法"就已经出现。最近的研究表明，猫是最能帮助主人减轻压力的宠物。它们的声音频率很适合人耳，毛茸茸的手感也很治愈。很多研究发现，那些家里养宠物的老人，平均寿命要比不养宠物、感觉孤独的人更长。这是因为养一只宠物可以带给你责任感，你需要去照顾它，而这种照顾则赋予了你人生的意义。所以如果你不擅长与人打交道，不妨与动物朋友们建立社会支持。

第二个方法，如果你有特定的烦恼，不妨加入互助小组。加入互助小组是为特定的压力源寻求社会支持的好方法。互助小组可以很大，也可以很小；可以是线下机构，也可以是线上群组。它面对的压力源可以是社会重大议题，也可以是我们生活中的小烦恼。我曾经看过一部电影，里面的两个主角都有脑部肿瘤，他们加入了同一个病友群，在群里认识了对方，并在之后的复查、治疗过程中互相支持和鼓励。其实在现实生活中也是有病友群的，有些经过治疗好转的患者会在群里分享自己的经验。其实这能够有效地减轻新患者的恐惧和压力，这是我们作为医生很难做到的事情。除了病友群，还有其他各种互助小组。比如，我的学生考驾照的时候，就进了一个群，群名很有意思，叫"科目二必过"。群里有很多分享经验的人，也有很多通过考试回来报喜的人。群里的其他学员看了这些消息，不仅能获得经验，也能增强信心，压力也就变小了。

希望此后你可以拥有健康的人际关系，来帮助你减轻压力，以更好的状态去工作、生活。

第二节
"助人为乐"的额外收获

    法国作家拉布吕耶尔（La Bruyere）曾说过："最好的满足就是给别人以满足。"不知道你有没有这样的感觉，对陌生人展露善意、给亲友挑选礼物或帮助别人时，自己也会感到愉快和满足，正所谓"助人为乐"。那么，帮助别人的这种行为，为什么能让我们体会到愉快的感觉呢？

    "日行一善"这个词在生活中常常听到，不过，可能很少有人知道它的来历。宋朝有一位负责掌管文书的官员叫作葛繁。他为人真诚善良，还给自己定下一个规矩：每天都要做一件好事。数年后，葛繁的品行和能力受到朝廷的赏识，升官做了太守。据史料记载，他"以高寿坐化，子孙富贵不绝"，这就是"日行一善"的典故。

    帮助别人对自己有什么好处？我们国家一直有着"日行一善"与"好人有好报"的优良传统与观念。帮助他人对心理健康的改善及生活幸福感的提升非常有益，而这些都是影响我们身体健康、生活质量与寿命的重要因素。所以，从科学的角度来说，"日行一善"

的葛繁能够长寿并不是巧合，"好人有好报"这句老话也不仅仅是一个毫无道理的美好愿望。

一、"亲社会行为"：幸福感和意义感帮助减压

关于做好事，社会心理学中有一个名词叫"亲社会行为"，也叫"利社会行为"，是指一些符合社会希望，对行为者没有明显直接的好处，而行为者又自愿去做的一类行为，比如帮助、分享、关怀等。不仅成年人会做出这些行为，其实人类早在婴儿期就会出现亲社会行为。比如，不满 1 岁的孩子就会通过声音、用手来指等简单的方式与我们互动、分享有趣的信息。

早在 2000 多年前，亚里士多德在《尼各马可伦理学》中就提出了幸福与道德行为之间的联系。近年来，越来越多的研究进一步证实，亲社会行为与幸福感呈显著的正相关。2008 年，美国进行了一项包含 29 个州的大范围调查，研究表明，人们参加志愿活动的时间越长，次数越多，幸福感就越强。同时，也有研究显示，受试者在面对同样多的压力性事件时，有更多的亲社会行为的人会受到更少的压力带来的负面影响。同时，实验也指出，经常有帮助行为的人可以更积极地应对压力。相反，很少帮助他人的人对压力的反应更消极。

无论是对陌生人举手之劳的帮助，还是为家人、朋友挑选礼物，或是为有需要的人捐款、捐物，这些利他行为都会让我们体会到幸

福和快乐，对改善情绪和减轻压力都有很大的好处。从神经生理学层面来看，人在做出亲社会行为时，大脑中的奖励区域会被激活，"快乐激素"多巴胺的分泌增加，让人感到幸福和快乐。

图6-2　助人为乐的原因

　　吃到好吃的东西时我们会感到快乐，看到有趣的视频时我们也会感到快乐，但亲社会行为带来的快乐与这两种快乐有点儿不太一样。从积极心理学的角度来说，我们在帮助别人时，不仅能收获愉悦的情绪体验，还能够获得属于自己的价值感。价值感带来的满足，让我们觉得幸福。这就是"助人为乐"背后的心理学原因。

　　我们在情绪的感知能力上与动物非常类似，但是又有本质的不同。我们会去寻找情绪产生的原因，反思我们的想法、感觉和行为。我们常说，人是有灵性的。在牛津的英文词典当中，灵性被解释为"真切地感受到事件的意义"。而研究幸福感的积极心理学认为，最大的幸福来自积极的情绪加上价值感。我的一位老师曾经说过他很喜欢讲课。在课堂上，他总是表现得非常快乐。他讲课是因为他喜欢教书，喜欢与学生相处，并不是因为他需要去讲课，去赚钱，去满足别人的需要。有的人在教书育人的过程中感受到幸福与快乐，有的人则通过酒精来获得快乐，但是我们很难说后者是幸福的。所以，把助人、利他与悦己结合起来，让帮助别人等一系列亲社会行为为我们带来一些价值感，或者给自己日常的工作赋予一些价值感，就能让我们更加幸福。如果能带着幸福与积极的心态去生活，面对压力时我们就能够更好地调节自己，找出更积极的应对方法。

二、助人为乐，乐而助人

曾经有心理学家做过相关研究，发现积极的情绪会使我们的格局更加广阔，我们就不至于只是以狭隘的眼光去看待自己和世界，也会更加容易注意到他人的需要与期望。当我们情绪积极、感到开心时，我们帮助别人的可能性就更大。这是一种奇妙的循环：帮助别人越多，自己就越开心；自己越开心，就越愿意去帮助别人。一个不太开心的人，也就不太容易去善待别人，也更不容易察觉到来自别人的善意，于是就会继续不开心。

但是，不要过于执着追求自己的道德责任感，也不要强迫自己去帮助别人，把帮助别人当作一种牺牲。幸福并不是牺牲，也不是只关注自己，更不是毫无保留地为他人奉献。不如让自己的善意自然地流露出来，从力所能及的小事做起。你可以回想一下自己曾经善待他人的经历，以及由此而生的感受。在生活中我们应该长存善意，多帮助他人，比如，帮助陌生人，与家人和朋友分享快乐，给他们买一束花，读书给孩子听，或是给你信任的慈善团体捐赠一些物品。正所谓"赠人玫瑰，手有余香"，有时候为别人带来幸福，就是给自己带来快乐。

三、"感恩日记"：关注生活中的小美好

至此，你可能想说："我也想积极，我也想对别人表达善意和感恩，但有时候情绪很难控制，有时候又不知道如何去表达。"那么，接下来，我就分享一个最常被心理学家用到的、研究最多的"感恩疗法"——"感恩日记"。

研究人员往往要求实验对象准备一个日记本，每天晚上睡觉前写下几件自己最感激的事情，这便被称为"感恩日记"。心理学家开展了一项研究，将实验对象分成三组，第一组为等待组，仅仅在实验期间每天完成一些简单的要求，无所谓感恩与否；第二组为感激组，要求实验对象每天记录 6 件自己最感激的事情；第三组为全记录组，要求实验对象记录每天令自己满意的事和对自己不满意或者与此产生的相关的负面想法。然后，让三组实验对象为自己评分。

最终结果表明，感激组和全记录组对自己的满意度评分均比等待组评分更高，并且他们确实在心理和生理上都保持着较高的健康水平。有研究显示，写感恩日记这一方法的心理学疗效甚至能媲美一些临床治疗技术，而且其完全可以用于我们的日常生活。

你平时也可以做一本自己的感恩日记。如果你本来就有记录习惯，不妨在每天写日记时，也写几件令自己感到快乐的事情。比如，你完全可以写今天吃的饺子很好吃，或是买了一件喜欢的衣服，又或是和好友的一次愉快的聊天，等等。只要是让你感到愉悦的事情，都可以记录下来。数量也不用太多，每天记录 3 件就可以。如果你每一天都坚持写感恩日记，你可能会发现记录了一些重复的事情。在重复记录的时候，不如也写下当时的体验和感受，让你每次回忆时的情感体验都保持新鲜。相信一段时间之后，你会感觉自己的生活充满了感恩与幸福。

图 6-3　感恩日记

其实，写感恩日记的目的在于将我们的注意力转移到自己所经历的幸福与生活中的美好上，而不是把这些事情的发生当作理所当然，也不过分关注那些令自己感到焦虑或者悲伤的事情。这正是心理学上转移注意力方法的一种。你可以自己做这个练习，也可以与家人、朋友一起完成，共同表达对生活的感激。这可以让彼此的关系更加亲密和谐，也可以切实减轻自己正在承受的压力。

生活总是有来有往。我们在选择帮助他人时，也无时无刻不受到来自他人或大自然的恩惠。

感恩不仅仅是对帮助过我们的人表达感激，还是对积极生活的关注与欣赏。我们可以对自己的能力感到欣赏，对工作的氛围感到喜爱，在每天早上醒来时感到幸福，这些都属于感恩的表现。感恩是我们弥足珍贵的情感，与我们的心理健康、幸福感息息相关。研究表明，感恩在焦虑、抑郁、恐惧等多种精神疾病中都起着缓解作用，同时也与幸福感呈正相关。所以，心怀感恩，其实也是让我们缓解压力、保持快乐的"秘笈"。

希望你能从帮助或被帮助中感到满足，时常用幸福与感恩来减轻自己的压力。

第三节
警惕情绪的"传染病"

你知道我们的情绪像细菌和病毒一样也会互相传染吗？这种人与人之间无意识地传递情感体验的过程在生活中普遍存在。尽管我们可以通过调节自己来正确面对压力，但如果被他人传染了负能量，我们已经建好的心理防线便功亏一篑。所以学会远离负能量，避免被负能量传染对于心理健康至关重要。

一、"踢猫效应"：负能量的"传染病"

"正能量"概念的创造者戴尔·卡耐基（Dale Carnegie）说过："一切带给人乐观和希望，促使人不断追求成功，让生活变得圆满幸福的动力和感情，都是正能量。"当积极、豁达、理性时，我们释放的就是正能量；相反，当消极、狭隘、偏激时，我们释放的就是负能量。在各种各样的压力下，我们每个人都有压抑、焦虑的时候。在日常生活、工作环境、网络舆论中，负能量更是随处可见。虽然我们对负能量都不陌生，但我想说的是，负能量不仅影响我们的情绪和行动，而且它还会传染，有着一种不可思议的影响力。

有一天，一位老板由于工作问题在公司批评了部门员工小王。小王被批评后非常懊恼，回家就跟妻子吵了一架。妻子莫名其妙地被老公找茬儿，觉得很窝火，就狠狠地踢了一脚自家的猫。猫无端地被踢了一脚，就冲出了家门。不巧的是，猫冲到外面时正遇上一辆汽车。汽车司机为了避让猫突然急转弯，结果撞上一个放学回家的小孩。而这个小孩，恰好是小王的儿子。

这就是心理学上著名的"踢猫效应"，讲的是人和人之间互相泄愤的连锁反应，生动地诠释了一种典型的负能量情绪传染导致的恶性循环。

图 6-4　踢猫效应

相信这个故事或多或少都让你有些共鸣。"踢猫效应"在生活和工作中很常见。例如，在职场中，如果领导情绪不好，整个办公室都会处于"低气压"。生活中也一样，如果你的朋友生活不如意，找你倾诉，你在安慰他的同时一定也会感到难过和痛苦，甚至联想起自己的遭遇，进而产生一样的负面情绪。

二、情绪传染：情感体验的无意识传递

那么，这种现象真的有科学依据吗？

国外有一项研究表明，与他人共享感知体验时，自己的体验便会受影响。在这项研究中，受试者分别在两种条件下品尝巧克力：与他人一起品尝巧克力，独自品尝巧克力。结果发现，相比独自品尝巧克力，与他人一起品尝巧克力时，可口的巧克力似乎让受试者觉得更加美味，不可口的巧克力则被判断为更不可口。

在另一项国外研究中，研究者把不同的表情图片拿给受试者观看，从而观察受试者表情肌肉电流的反应。研究人员发现，当受试者观看令人愉快的表情图片时，受试者上唇肌肉群向上提起的活动会更为活跃，而当受试者观看愤怒的表情图片时，受试者眉头肌肉群的活动则更为活跃。这一研究现象和我们的神经系统关系密切。我们脑中特定神经元的镜像功能可能是这种现象的生理基础。也就是说，我们观察他人的情绪表情时产生的神经回路，和我们自己在体验相同的情绪时脑区活动的神经回路是一致的。

因此，不光负能量这类的情绪会传染，如果留意，你会发现其他情绪同样可以。其区别在于好情绪给人以积极的能量，坏情绪给人以消极的能量。

比如，在每四年一次的世界杯期间，很多人会相约一起看球，不管是赢球的兴奋还是输球的失望，总觉得和他人一起观看球赛似乎比独自观看时的体验感更强烈。再比如，在社交平台上，好友如果经常表达积极情绪，作为一个旁观者的你的消极情绪也会减少，反之亦然。这个理论在市场投资中，也被运用得炉火纯青。比较常见的是，如果被投资人向投资人展示市场繁荣、人气高涨的形势，投资人便更可能乐观地认为这个项目未来走势大好，从而进行投资。

这类现象的专业术语叫作"情绪传染"。就像流行病在人群中传播一样，情绪传染是指一个人或群体通过情感状态和行为态度的诱导影响另一个人或群体的过程，导致人们会因为互动对象的开心而开心，因为其难过而难过。它是人与人之间无意识地传递情感体验的过程。

三、远离负能量：和坏情绪传染说"不"！

如果你常常感到自己负能量爆棚，那就应该反思一下了。这到底是自己面对压力的正常反应，还是因为受到外界感染才产生的呢？我们要注意的是，不要当"踢猫人"，也不要被人当"猫"踢。

如果你久受负能量的困扰，那是时候采取措施驱散头顶的乌云了。否则，任其发展，无论是精神上还是身体上，都会逐渐发展出疾病。现在，我就来教你几个远离负能量的办法。

第一个办法是远离具有负能量的人。每个人的生活节奏和人生方向都是由自己掌控的，你没有义务将时间浪费在别人的坏情绪上。所以，你第一步要做的就是识别有负能量的人。有负能量的人往往具备哀怨不断、愤世嫉俗、消极悲观、吹毛求疵、脾气火爆、动作粗鲁等特点。他们不会恰当地隐藏坏情绪，而是任由负能量波及周围人，甚至有"我不快乐，别人也别想好过"的恶意心理。如果你和一个无精打采、唉声叹气、怒气冲冲的人聊天，他很大可能会毁了你的好心情。所以，如果感到和对方相处不舒服，又无法安慰他，那就和他保持距离吧。如果不可避免地要和他交流，那你可以这样做：当他们提起悲观的话题时，你就把交谈引到正面的话题上。比如，如果他一遍遍地抱怨工作不快乐，你就可以说："那可以在放假时间出去游玩啊，你最近去哪里玩了？"总之，如果对方是怪兽，你就是持剑的英雄，做好自己，不要被敌人影响。

第二个办法是停止思维反刍。反刍是自然界的一种现象。有一些动物，比如牛和羊，它们会把吞咽到胃里的食物返到嘴里再次咀嚼,这就叫作"反刍"。心理学家便由此提出了一个新的概念，叫作"思维反刍"，用来形容我们对经历过的负面生活事件重复思考的现象。在我们经历了一些悲伤或尴尬的事情后，这些痛苦的记忆不仅久久不能散去，还会被反复回忆。例如，考试失败、在同事面前出丑或者被领导批评。当时的场景和被批评的话，就像动物吃下去又再次返到嘴里被咀嚼的食物一样，一遍遍地浮现在脑海中，甚至在睡觉的时候也像放电影一样反复出现。这种反刍往往是在试图更清晰地分析事情的原委或者找到问题的解决办法，但最终像陷入泥潭一样不可自拔。其实，思维反刍就等于误入了负能量圈套，你一遍遍地否定自己，让自己将注意力放在已经过去的负面事件上，把负面情绪放大，甚至会转而攻击无辜的旁观者。

停止思维反刍最有效的办法就是分散注意力。首先，你可以尝试着反思过去的经历，这样有利于把负面的心态转化成正面的想法。其次，不妨尝试着给自己找点儿其他事做。当你忙碌时，就没有精力再去纠结已经过去且改变不了结果的痛苦经历了。最后，不如用"难得糊涂"的心态对待那些已经过去的不快乐的经历。对于还未发生的未来，则要认准前进的方向，不要迟疑，也不要被横生的事情扰乱心境。如果你感到累了，就停下来歇一歇，让自己放松放松，不要被已经过去的不快乐持续施压。这些方法都有助于你走出思维反刍的怪圈。

第三个办法就是"北斗七星阵"。心理咨询师贾杰在《活得明白》这本书里为我们介绍了一个很实用的管理负面情绪的方法：北斗七星阵。简单来说，就是当我们因为一件事情感到悲观沮丧时，可以尝试将自己代入不同的身份，避免只从自我单一的角度出发，反复受制于一种思维，从而实现从多个角度思考事情。

举个例子，假如你的工作总是加班，让你不堪重负，那么，此时该如何思考接下来的选择呢？除了你自己的视角，想想如果你是跟这件事情毫不相关的旁观者，你会给出什么建议？如果你是这件事的其他相关人，比如老板或同事，你会怎么想这件事？然后，从第三人称视角出发想想看，这份工作给你带来了什么收获和成长？如果你现在穿越到了理想的未来，成功的你又会对当下的自己说什么？

这样，从自己、旁观者、相关人、第三人称、未来五个视角展开想象，当思绪走完这一圈，答案也许就已经浮现在眼前了。正所谓影响我们的不是事情本身，而是我们对事情的看法。我们的看法变了，世界也就变了。所以，当处境不顺利时，不妨深吸一口气，稳住负能量，换个视角思考问题，也许原本负能量汹涌的内心就变得风平浪静了。

祝愿正在读这本书的你能成为内心所希望成为的具有正能量的人，做自己的太阳，并用阳光温暖他人。

第四节
沟通中情绪的表达

不知道你有没有这样的经历——当你尝试着和别人表达某些情绪的时候，无论沮丧还是开心，总会收到这样的回复："这有什么好难过的？""这有什么好开心的？"久而久之，你觉得对方很难理解你的情绪，你们之间没有办法产生共鸣，所以慢慢地你们的关系也越来越冷淡。其实，表达情绪不仅是一种健康、良好的沟通方式，也是维持支持性人际关系的重要方法。更神奇的是，良好的情绪表达对改善我们的心理健康状况很有帮助。

一、情绪表达的溯源

情绪的表达可以追溯到千年以前，人们会在教堂或寺庙里对着神像忏悔或许愿，这就是一种古老的通过情绪表达实现自我疗愈的方式。

20世纪，一些心理学家对情绪表达是否能减压进行了相关研究，发现在入学前表露更多情绪的大学生，在入学后遇到的问题更少，患病的概率也更低。情绪表达甚至能够缓解一些生理疾病的症状，比如哮喘和关节炎。

一个对近 150 项关于情绪表达研究的综述表明，良好的情绪表达能给我们带来积极的心理变化，甚至还能带来积极的生理反应，让我们变得更加健康。研究结论还显示，比起压力小的人，生活压力大的人更能在情绪表达中获益，而且情绪表达对于我们身心状况的改善，并不会因性别、年龄和种族而有差异，也就是说，情绪表达是一种对所有人都同样适用的减压方法。

二、正确的情绪表达，构筑良好的社会支持

无论是正面情绪，还是负面情绪，情绪的正确表达和对其良好的反馈都有非常多的益处。

首先，情绪的表达像天气预报，让周围的人知道你是怎么想的，知道你的真实状态与感受。有了这些前提，周围的人才能对你做出相应的反应，从而更好地帮助你。例如，当最近的事情很多，堆积如山的工作让你感到很焦虑，而有人想要把额外的工作分配给你做的时候，你应该及时地向对方表达："我最近压力很大，我可能没法完成这些事情。"当对方了解你的状态后，也会做出相应的改变——把任务交给目前比较空闲的其他人。

其次，表达情绪也是释放压力的过程。比如，在公众场合演讲时，你会感到紧张，这是一件很正常的事。与其不断地向自己强

调"不要紧张，不要紧张"，不如在台上承认并告诉大家"不好意思，我有些紧张"。当这句话说出口的时候，其实你已经感到轻松一些了。

从进化心理学的角度来看，情绪的存在可以说是人类得以繁衍至今的重要原因。每一种负面情绪都有自己的意义。比如，在古代，人采野果子时遇到野兽会感到害怕和恐惧，这是一种生存的本能，提醒我们的祖先要谨慎或远离野兽。现在，当别人侵犯我们的边界时，我们会感到愤怒；与亲人离别的时候，我们会感到悲伤；身体太过疲惫，需要休息的时候，我们会感到抑郁。再比如，我们穿了一双不合脚的鞋子，会感受到鞋子磨脚带来的疼痛。相反，如果我们感受不到疼痛，哪怕鞋把脚磨出了可怕的伤口，我们都毫无知觉。正是因为有了痛觉，我们才能及时地发现这双鞋并不合脚，并立刻换掉这双鞋，从而避免受到更严重的伤害。所以，情绪是我们天然的报警器，提醒我们要对目前存在的问题或危险做出反应。

最后，情绪的表达是人际关系的润滑剂，如果一个人在表达情绪时能够得到对方的理解与支持，就能获得力量感。比如，上学的时候，你的同学因为某些事情在你面前痛哭了一次，你感觉到了他对你的信任，他也会感受到来自你的安慰与理解，你们的关系也会因此更加亲密。

三、我们为什么难以表达情绪？

情绪的表达有这么多的益处，但是，想要及时、正确地表达自己的情绪并不是一件容易的事，这和我们的教育、文化相关。比如，在我们的传统教育中，孩子小的时候，父母希望他们"乖"。父母在期待孩子顺从、听话的同时，很容易忽视孩子是一个独立的个体，对世界和他人有着自己独特的情绪体验。孩子为了迎合大人的期望，有时会将自己的感受隐藏起来，不去表达。甚至他们的哭泣和恐惧还被有些家长看作羞耻和软弱。当孩子表现出恐惧或开始哭泣时，家长往往会压制、指责或嘲笑他们，常常会说这样的话："就这么点儿小事，有什么好怕的！""男孩子要坚强，不能随便掉眼泪！"在这样的引导下，孩子长大后，就更难正常地觉察与表达自己的情绪了。在长期的压抑之下，孩子还有可能患上心理疾病。我们很多时候都会排斥情绪的表达，强调"喜怒不形于色"，认为表达情绪是不理性的，恐惧和害怕是软弱的体现，甚至在表达强烈的喜悦时还要冒出这样的担心：这样会不会显得我不太成熟和稳重呀？

四、如何正确表达情绪？

第一，我们要明白，虽然负面的情绪看起来不被接纳，但并不代表它们不应该存在。喜、怒、哀、惧都是人的情绪，开心和快乐只是其中一部分而已，其他情绪也一样重要。而且，每一种情绪都有它存在的理由。就如前文所述，即便是恐惧、紧张等负面情绪，在特定的情境之下，也会成为我们的保护伞。

第二，在表达情绪之前，我们要觉察到自己的感受，并接纳它。情绪是没有好坏的。当我们感到焦虑、生气、愤怒时，可以将内心的感受和当前的状况联系起来，充分理解自己的情绪。当自己出现负面情绪时，不要急着批判自己的情绪，也不要急着否认和压制它们。要知道，你感到愤怒，也并不意味着你就是个暴躁的人。你感到恐惧，也并不意味着你就是个软弱的人。给自己一点儿时间和空间，自然、从容地表达和过渡自己的情绪与感受。在这种时候，你可以尝试正念的方法——通过冥想，仔细觉察自己脑海里的想法和念头。如果习惯性忽视自己的情绪和感受，急着否认和压制它们，就很容易出现情绪的躯体化症状。比如，有的孩子一上学就说自己肚子疼、头晕，但又查不出任何身体疾病。此时，家长需要多注意他们的心理与社交状态。有可能是因为最近总是被老师责备，或者与同学相处不太愉快，孩子对去学校有了抵触和害怕的情绪，但又不能不去上学，于是身体就出现各种症状，来替他表达这种抵触的情绪。所以，及时地觉察、接纳与表达情绪，对我们的身心健康非常重要。如果你开心，就笑；如果你感到悲伤，就哭；如果你感到愤怒，就说出来，让对方知道。那些没被表达出来的情绪并没有消失，它们只是被藏起来了，终有一日会以更"丑陋"的方式出现。所以，我们不该避讳表达自己的情感，既不能当情绪沉默者，也不能做情绪化的恶魔。

第三，关于情绪表达的方式，有的人选择爆发式的宣泄，例如，哭泣、大叫、扔东西，有的人选择安静地消化，比如绘画、听音乐和看电影。在这里，我更提倡大家通过语言将情绪表述出来。心理学上有一种被称为"情绪表露"的治疗技术，就是以谈话或书写的形式，帮患者在陈述中整理压力性事件，语言就是其中的关键。这是一种自我的思考与反省，能帮助患者找到更好的应对方法。当我们陷入负面情绪的时候，尝试着把它们写在纸上。这样除了能感知与表达自己的情绪，还能让我们更有掌控感。

第四，和别人谈论自己的情绪和感受。如果你总是习惯于隐藏和压抑自己的情绪，现在不妨试着将自己的想法告诉你信任的人。不过，告诉别人自己真实的情绪和感受也有难度，除了要打开自己的心扉，还需要确保对方是你可以信任的人。但如果对方没有对你的负面情绪持接纳的态度，可能会让你的感受更糟糕，所以尝试着和专业的心理咨询师探讨也许是更安全有效的方式。如果你是学生，也可以及时向学校的心理中心求助。

在面对压力时，无论是感到喜悦还是焦虑、担忧、恐惧，这些情绪都是我们面对当前状况产生的自然反应。觉察与接纳来自身体的信号，及时地表达情绪，能让我们以更好的状态面对压力挑战。希望大家都可以找到最适合自己的情绪表达方式，与情绪和谐共处。